*Otra historia
de la ciencia*

Otra historia de la ciencia

Edición de
ELENA LÁZARO REAL

con
MARGA SÁNCHEZ ROMERO · ENRIQUETA
BARRANCO CASTILLO · SUSANA ESCUDERO
MARTÍN · ROCÍO BENAVENTE PÉREZ · NATALIA
RUIZ ZELMANOVITCH · CLARA GRIMA RUIZ

y las ilustraciones de
CIRENIA ARIAS BALDRICH

GUADALMAZÁN

Guadalmazán • Colección Divulgación Científica
Edición de Elena Lázaro Real

www.editorialguadalmazan.com
guadalmazan@almuzaralibros.com

Talenbook, s.l.
C/ Cervantes, 26 · 28014 · Madrid

Imprime: Liberdúplex
ISBN: 978-84-19414-82-3
Depósito Legal: M-12056-2025
Hecho e impreso en España - *Made and printed in Spain*

Índice

No me cuentes historias

El plató está casi desnudo, aunque la iluminación, oportunamente diseñada en los colores corporativos de la marca patrocinadora, viste el espacio a la perfección. Dos personas sentadas, una frente de la otra. Solo sus sillas componen la escenografía. De un lado, un varón de mediana edad; de otro, una mujer algo más joven. Empieza la conversación. Habla él —la edad es un grado— y se presenta. Su doctorado y su cátedra le avalan. Ella despacha su curriculum más rápido: es profesora en un colegio; está allí para entrevistarle, pero, sobre todo, para hacerle brillar como hombre sabio.

El tema elegido es la historia de la ciencia. Tienen una hora por delante ¿cómo se las apañarán para resumir miles de años de producción de conocimiento humano en 60 minutos? La tarea se me antoja titánica, pero no me quedo a conocer la respuesta.

En el primer minuto de conversación, el hombre sabio, que ha dedicado media vida profesional al asunto, afirma: «Tengo que decir con claridad que es más importante la ciencia que la historia de la ciencia». Solo está dispuesto a concederle a la historia de la ciencia cierto interés «porque te ayuda a situarte». A continuación, se apresura a aclarar que antes que historiador ha sido profesor de Física Teórica. ¿Es que existe algo que aterrorice más a un mortal que la Física Teórica? Cualquier persona con cierta cultura científica se atrevería con la Biología, ¿pero con la Física Teórica? No sé si ha sido intencionado, pero todo me parece demasiado condescendiente y elitista. El empeño en diferenciar la historia como algo «no tan importante» encierra esos prejuicios que mantienen acomplejadas a las ciencias sociales y las humanidades como ciencias de segunda. Y ese complejo ha supuesto en no pocas ocasiones un conflicto para quienes hacen la historia. Me explico.

Iniciando mi carrera investigadora en el ámbito de la historia contemporánea presenté a una importante revista de historia social mi primer artículo. Fue rechazado. La explicación que me dieron los pares es que era «excesivamente divulgativo». Para alguien que no es física teórica, sino periodista, el argumento era en realidad un elogio, pero no pude evitar la frustración. Un amigo y compañero, catedrático de Historia Moderna, me lo aclaró unos días después. «El problema no es tuyo; es un complejo epistemológico», dijo y ojiplática terminé de escuchar su argumentación: «el día que los historiadores nos dimos cuenta de que no podíamos ser científicos, decidimos ser crípticos». Casi abandono la tesis doctoral en aquel mismo momento. Yo creyendo que la misión de la historia era estudiar el pasado para explicar el presente y ahora resulta que lo de explicar era solo para despistar; que hacer un relato comprensible de lo acontecido y ofrecer claves que expliquen y ayuden a enfrentar el acontecer es «poco científico», que lo que conviene es encriptar los resultados de nuestros análisis para que el pobre mortal crea que lo nuestro es tan complejo como la física teórica.

«Es más importante la ciencia que la historia de la ciencia». he vuelto atrás en la línea de tiempo del reproductor. Sí, lo ha dicho. Y si no es importante, ¿por qué voy a dedicarle un solo minuto de mi tiempo? NEXT.

Me entrego al algoritmo que me sugiere el vídeo de un *coach* (otro señor de mediana edad con chaqueta) que me va a explicar no sé qué sobre la meditación y lo mucho que le cuesta a mi cerebro lograr la concentración necesaria para hacerlo. De nuevo es una mujer la que entrevista al sabio que le explica cosas.

Le doy la razón a los dos. Ni la historia de la ciencia es tan importante ni soy capaz de seguir concentrando mis neuronas más tiempo en sus explicaciones. Apago el ordenador y cojo un libro.

A otra cosa, mariposa. ¿A otra cosa?, ¿otra historia de la ciencia?, ¿otra más u otra diferente?

Pues sí, lo que usted sujeta ahora mismo en sus manos es otra historia de la ciencia, una diferente porque añade nuevos relatos a las historias divulgativas, dirigidas a ese tipo de público que podría enfrentarse a un físico teórico aunque prefiriera a un biólogo para ir de cañas. Diferente porque no responde a ningún guion previsible ni pre ni post Thomas Kuhn, así que no espere una historia cronológica y lineal del avance del conocimiento ni tampoco de las revoluciones que lo provocaron ni mucho menos una hagiografía de las grandes personalidades de la ciencia, al estilo de aquellas *Vidas de santos (y santas)*.

Cómo etiquetarla tendrá que decidirlo usted. A nosotras solo se nos ocurrió que esta era la otra historia de la ciencia, la que queríamos contar y como la queríamos contar.

ELENA LÁZARO REAL
Córdoba, febrero de 2025

¿Quién cuenta (en) la Historia de la Ciencia?

Elena Lázaro Real

Al sur de México, en las selvas de los actuales estados de Veracruz, Puebla y Oaxaca, en el valle del Río Papaolapán, crece escondido un raro tubérculo, conocido popularmente como barbasco y científicamente como *Dioscorea composita*. Esa raíz, como muchas otras plantas conocidas con el mismo nombre en áreas de la Amazonía, había sido utilizada habitualmente por las comunidades indígenas por su capacidad para envenenar a los peces. El nombre se lo pusieron los españoles al llegar, derivándolo del verbasco, planta utilizada en Al-Ándalus con las mismas funciones: aturdir a los peces para facilitar su pesca. De hecho, así se nombraron numerosas plantas de diferentes familias y géneros de las selvas tropicales que tuvieron ese mismo uso[1]. Además, aparecen documentadas aplicaciones medicinales relacionadas con el reuma y el dolor muscular.

Sus raíces pueden alcanzar varios metros y su tallo fino y flexible la convierte en una resistente trepadora, temida por los agricultores por su capacidad para extenderse entre los cultivos. Una «mala hierba» difícil de extraer del suelo, que nadie quería ver crecer en sus plantaciones y que, sin embargo, cambió su fama casi de la noche a la mañana.

---

1   La planta barbasco aparece descrita por Joanes de Laes en su libro *Descripción de las Indias Occidentales en 1630* como una raíz en el área de Nueva Andalucía, actual Venezuela. Más tarde, en 1784, Antonio Palau t Verdèra la describe como un arbusto que «los Españoles Americanos llaman Barbasco, esto es, Verbasco, por la propiedad de matar a los peces». Años después, Humbolt y Bonpland documentan ese uso por parte de los pescadores del Río Temi, en el libro que publicaron 1822 en Londres gracias a la traducción de la revolucionaria Helen Maria Williams.

A partir de la década de los años 50 del siglo xx, quienes se entretenían en arrancarla se afanaron en encontrar los mejores ejemplares y arrancarlos de la tierra, atravesando para conseguirlos kilómetros de impenetrable selva y dedicando un esfuerzo sobrehumano para su extracción y su transporte desde el bosque tropical hasta los centros de venta a través de caminos y ríos en una zona sin infraestructuras de transporte ni comercialización.

¿Qué pasó para que el barbasco cambiara de semejante manera su reputación? Pasaron muchas cosas. Tantas y tan diferentes que requieren cientos de páginas de explicación. Se podrían escribir unas cuantas historias de la ciencia solo a partir del barbasco, solo habría que cambiar el foco de unos protagonistas a otros.

Para esta otra historia de la ciencia nos quedamos con los que miró la historiadora de la ciencia en Harvard Gloria Soto Laveaga: el campesinado mexicano. Soto dedicó casi una década a tratar de responder esta y otras muchas preguntas en torno a la recolección y comercialización del barbasco en México y, sobre todo, y ahí está la clave, a explicar los procesos sociales que facilitaron la síntesis de progesterona a partir de esa raíz silvestre para el desarrollo del primer método anticonceptivo oral: la píldora que cambiaría para siempre la vida de millones de mujeres.

Otros historiadores han narrado la historia de la píldora desde perspectivas muy diferentes, centrándose en las aportaciones de científicos norteamericanos y europeos que hicieron posible la síntesis de hormonas. Esas historias han convertido la historia de este trascendental avance de la medicina reproductiva en un imprescindible relato de pequeños, pero importantes logros que, sumados, pusieron a disposición de las mujeres parte de una herramienta fundamental de independencia y decisión sobre sus propios cuerpos.

En la partida de nacimiento de la píldora aparecen reconocidos una multitud de padres y algunas madrinas. Entre los primeros, Russell Marker, el fundador del laboratorio mexicano Syntex en el que se logró por primera vez sintetizar hormonas sexuales a partir de plantas, gracias al químico mexicano Luis Miramontes y a los conocimientos avanzados por el judío alemán Karl Djerassi exiliado en México e incluso por el médico jiennense Antonio Daza desde el Instituto Pasteur en París, hasta quienes lograron su producción y puesta en el mercado: los americanos John Rock y Gregory Pincus. Entre las segundas, las feministas y promotoras de la planificación familiar Margaret Higgins Sanger y Katharine Dexter McCormick.

En el libro *Laboratorios en la selva: Campesinos mexicanos, proyectos nacionales y la creación de la píldora anticonceptiva*, Soto Laveaga añade a esa nómina a miles de personas anónimas. En su relato, detalla cómo la búsqueda de los laboratorios por encontrar fuentes eficaces y más baratas para la síntesis de esteroides transformó la economía del sur de México y reconcilió mundos tan distantes como el de la ciencia y el campesinado. Soto Laveaga pone el foco en los campesinos mexicanos convirtiéndolos en protagonistas de la generación de nuevo conocimiento, y no de un conocimiento cualquiera, sino de aquel que logró una transformación social tan relevante como para cambiar el modelo familiar en multitud de países.

Sin la aportación del campesinado mexicano que guio por la selva a Russell Marker; sin el conocimiento de las poblaciones indígenas sobre las dos variedades fundamentales de *Discorea mexicana* (cabeza de negro, menos productiva, y el barbasco), sus ciclos de vida y sobre el manejo necesario para garantizar la conservación de los principios activos de interés farmacológico, sin todo eso, en definitiva ¿cuánto tiempo más habrían tardado los presuntos padres de la píldora anticonceptiva y sus madrinas en alcanzar su meta? Nunca lo sabremos, y aunque podríamos construir nuestra propia teoría no serviría de nada. Lo que nos resulta realmente interesante de esta historia narrada por Gloria Soto desde Harvard es la capacidad de construir un nuevo relato que cuestione la manera en la que hemos asumido la Historia del conocimiento humano, como si este fuese el resultado de descubrimientos casuales producto de la individualidad. Pues no. La píldora no la inventó solo en su casa un ginecólogo católico al que con el tiempo se le presentarían grandes dilemas morales como fue John Rock como tampoco lo hizo Gregory Pincus; al fin y al cabo ellos basaron sus desarrollos en el conocimiento de Djerassi, Chamorro y tantos otros. Tampoco se puede adjudicar exclusivamente a Margaret Higgins por su empeño en desarrollar anticonceptivos fáciles de usar; ni a Katharine Dexter, por financiar los trabajos de investigación; ni, apurando, a Ernest Starling, que en 1905 nombró como hormonas a las secreciones de las que hablaba la medicina decimonónica. La anticoncepción hormonal no fue descubierta por ninguno de ellos y lo fue por todos porque, como la mayor parte de los avances científicos de la Historia de la Humanidad, la píldora anticonceptiva fue el resultado de un trabajo colectivo y sacar de esa ecuación a los campesinos que procuraron la materia prima y desarrollaron las técnicas necesarias para su extracción es cercenar una parte de la Historia.

Piensen si no en otro de los avances de la medicina moderna: la vacuna contra la poliomielitis, desarrollada gracias a los ensayos *in vitro* en células HeLa, producidas a partir del cultivo de células de Henrietta Lacks, de ahí su nombre, una mujer de apenas 30 años cuyo cáncer de cérvix fue analizado y convertido en la primera línea celular humana para la experimentación científica. Una mujer negra y analfabeta, en los años 50, en Estados Unidos, se convertía involuntariamente en una de las personas más relevantes para el avance de la Medicina. Lo hacía cuatro años antes de que Rosa Parks, otra mujer joven y negra, se convirtiera en uno de los símbolos de la lucha por los derechos civiles en Estados Unidos.

La historia de la ciencia está plagada de casos parecidos en los que las aportaciones de personas diferentes y diversas resultan tan o más relevantes que las de quienes figuran en los libros. Es solo cuestión de saber mirar y contarlo.

LAS PRIMERAS TECNOLOGÍAS: LAS TECNOLOGÍAS DEL BIENESTAR

Marga Sánchez Romero

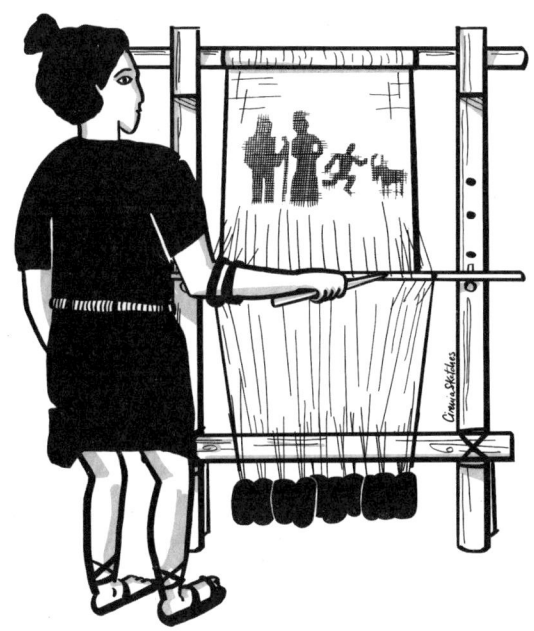

Tengo una compañera que dice que si en el extremo inicial de la historia de la tecnología pusiéramos un bifaz —la primera herramienta en piedra utilizada para perforar, cortar o raspar—, el final (o al menos el final hasta ahora) no sería una nave espacial o un supercomputador como se suele representar, sino un robot de cocina. Mi amiga, Paloma González Marcén, argumenta que los primeros instrumentos que realizaron los seres humanos servían para obtener el alimento: romper la cáscara de los frutos, acceder al tuétano de los huesos de animales, transformar una ramita para «cazar» hormigas y otros insectos... Por tanto, el extremo opuesto de esas tecnologías debería ser para esos aparatos que cocinan casi solos.

Las primeras tecnologías que usamos en nuestra historia tienen que ver con la subsistencia, con lo más básico que hemos de hacer como especie para sobrevivir: alimentar y procurar que otros y otras se alimenten o construir refugios donde resguardarse. A través del estudio de esos utensilios iniciales hemos elaborado decenas de listas con sus tipologías, observado cuidadosamente su proceso de elaboración, se han estudiado las marcas que dejó su uso. Esa primera tecnología (por única) ha sido estudiada, repasada, repensada y nos ha servido para describir y caracterizar las distintas especies a lo largo del camino de la evolución humana según su capacidad para manufacturarlas y usarlas.

A lo largo del tiempo, los seres humanos siguieron desarrollando otras tecnologías, como la del fuego, los metales o la cerámica. Fuimos capaces de hacer más cosas: cazar con relativo éxito, viajar cada vez más lejos, elaborar pigmentos con los que representar la realidad, almacenar con mayor garantía de conservación, adornarnos con metales preciosos, fabricar armas cuyo propósito fuese causar daño, elaborar herramientas con las que mejorar la producción agrícola, etc... Y cuando desde la contemporaneidad miramos todas esas tecnologías empezamos a cualificarlas y a valorarlas de distinta manera. En una columna lo que es tecnología «de la de verdad», la que da prestigio, la que nos hace avanzar, es decir, todo aquello relacionado con la expresión de poder, el uso de la violencia o la producción entendida de manera algo cicatera; en el otro, las que consideramos como actividades sin transcendencia económica, histórica, política o social: las actividades que tenían que ver con lo doméstico. Las primeras eran las que había que incluir en los libros de Historia; las segundas las fuimos sacando del discurso histórico.

Pero ¿por qué lo hicimos? Fundamentalmente, porque esas actividades, esos conocimientos y esas tecnologías están, en buena medida, relacionadas con las prácticas y las experiencias de las mujeres. En las narrativas que se hacen desde la Arqueología del siglo xix, cuando se convierte en disciplina científica que elabora los discursos incuestionables que debemos asumir, aprender y enseñar, las mujeres no están presentes o lo hacen de manera muy estereotipada. Para las mujeres, no existe más opción que servir para la reproducción o servir para la sexualidad. En lo demás, ni aparecemos. Bien porque se nos excluye de determinadas actividades como las relacionadas con la caza, la creación simbólica, los viajes, el conflicto violento o el ejercicio del poder (eso sí, sin ningún conocimiento científico que respalde esa exclusión); bien porque se nos asignan trabajos: alimentar, curar, socializar, criar... que no merecen ser incluidos en esos relatos que cuentan quienes somos por poco importantes. Así que tampoco se nos ve (Sánchez Romero, 2022).

Sin embargo, lo cierto es que las únicas actividades que son imprescindibles para la especie humana son precisamente esas que consideramos insignificantes: las domésticas. Éstas, denominadas por la arqueología feminista como actividades de mantenimiento, logran el sostenimiento y bienestar de los miembros del grupo social, desde el nacimiento y a lo largo de la vida de cualquier persona, incluyendo, en muchas sociedades conocidas, el tratamiento de la muerte. Las actividades de mantenimiento incluyen la preparación del alimento, los trabajos relacionados con la salud y la higiene, el mantenimiento de los espacios de vivienda o la crianza y socialización de criaturas, y en el caso de las sociedades prehistóricas, también la producción textil.

Unas actividades a las que la Arqueología más tradicional ha negado importancia y al descuidarlas se ha generado poco saber sobre unas formas de trabajo humano que son universales y generalmente muy relacionadas con la división de roles sexuales. No se ha prestado atención, por ejemplo, al hecho de que las actividades de mantenimiento implican la creación de redes sociales, sobre todo entre quienes prioritariamente cuidan y a quienes se cuida, generando formas de comunicación y conexión de la vida social fundamentales para el desarrollo de estrategias de cohesión. Unas actividades que generan vínculos que nos permiten experimentar un sentido de pertenencia, reconocer la legitimidad de la sociedad y asegurar el bienestar de todo el grupo. Una cohesión social que construye las estrategias más frecuentes y exitosas, aunque también más invisibles, para la resolver nuestros conflictos.

El poco reconocimiento de las actividades de mantenimiento ha tenido consecuencias graves para las mujeres ya que ha servido para justificar y sustentar las desigualdades del presente al considerar que en nuestra sociedad hay quien hace cosas más importantes y hay quien hace cosas poco o nada importantes, así que merecen menos espacios de representación, de decisión, de poder o de palabra. Una desvalorización de los trabajos de las mujeres que pasa por entender que, en estas actividades, no se utiliza tecnología ni se generan innovaciones, y sin innovación no hay cambio ni evolución, ni, por ende, sustancia histórica que investigar. Por tanto, hay una enorme resistencia a caracterizar como tecnológicas a aquellas actividades tradicionalmente asignadas a las mujeres que requieren destreza, conocimiento e infraestructuras para la transformación y gestión de los objetos y las materias primas. Obviamos que esas actividades también usan tecnologías y, como consecuencia, obviamos que la tecnología también es eso. Así que conviene empezar dándole una vuelta al concepto de tecnología.

¿QUÉ ES TECNOLOGÍA?

Esto del concepto de tecnología es objeto de debate desde finales del pasado siglo. Autoras como Judi Wajcman (1991), Ruth Oldenziel (1996) o Judith McGaw (1996), entre otras, se han preocupado por entender la ausencia en el campo de la «Historia de la técnica» de las prácticas tecnológicas femeninas. Para explicar este vacío se han esgrimido dos razones fundamentales. En primer lugar, el hecho de que la tecnología se ha caracterizado normalmente en función de la producción y no en función de las prácticas de consumo y uso; es decir, por lo que cuesta producir esas tecnologías y no por lo que suponen a la hora de usarlas con un objetivo concreto. Por ejemplo, un instrumento en piedra con el filo cortante, relativamente fácil de elaborar, se valoraría por la facilidad de fabricación más que por el trabajo de corte que realiza. En segundo lugar, el énfasis en los artefactos de gran envergadura y que requieren una gran inversión de capital en detrimento de sistemas de baja tecnología y de uso diario. Así, sería más tecnología un alto horno que una hornilla de cocina. En definitiva, se enfatizan las tecnologías dominadas por los hombres y se devalúa la importancia de las tecnologías tradicionales de las mujeres, reforzando el estereotipo de la incapacidad tecnológica de éstas.

En respuesta a estas ideas surgieron estudios centrados en las que se denominan «tecnologías domésticas» entre los cuales destacan los trabajos de Ruth Schwartz Cowan (1989). Su articulación de los conceptos de «proceso de trabajo» y «sistema tecnológico» resulta de una enorme utilidad para el análisis de las tecnologías utilizadas en las actividades de mantenimiento. El primero de los conceptos, el de proceso de trabajo, enfatiza el hecho de que ninguna de las actividades de mantenimiento es una actividad simple y homogénea. Por ejemplo, el proceso de cocinado implica el tratamiento de las materias primas, su almacenamiento adecuado —salazón, ahumado, refrigeración, envasado—, el mantenimiento de las fuentes de calor necesarias para el cocinado, el mantenimiento y limpieza de los instrumentos y estructuras usados para cocinar, las distintas técnicas utilizadas: asar, cocer, hervir, freír y la deposición de la basura resultante. Por su parte, el sistema tecnológico se refiere a todo el instrumental, las estructuras y la tecnología necesarios para llevar a cabo las actividades de mantenimiento. Mientras que el proceso de trabajo en las poblaciones prehistóricas es muy similar, consiste en transformar una materia prima en producto, son los sistemas tecnológicos, es decir, cómo y dónde se producen esos procesos de trabajo, los que varían a lo largo del tiempo y suponen un reflejo de cambios sociales y de innovaciones tecnológicas.

Como vemos, la investigación de los últimos años ha intentado reconducir este sesgo sobre las tecnologías consideradas femeninas siguiendo estrategias diferentes. Desde el cambio de perspectiva en el estudio de las evidencias arqueológicas, a través del estudio de tecnologías no investigadas tradicionalmente como, por ejemplo, las que tienen que ver con el tejido, la preparación de alimentos o la crianza, hasta su consideración como parte de los procesos de cambio socio-histórico. Además, se han considerado otras fuentes documentales para la interpretación de las evidencias arqueológicas como las etnográficas, iconográficas y textuales —en el caso de sociedades históricas—, consiguiendo una nueva mirada sobre las evidencias arqueológicas que encontramos en nuestras excavaciones.

Un último apunte sobre esta cuestión: hurtar la tecnología a las mujeres cumple con un objetivo más, el seguir manteniendo a las mujeres en el ámbito de lo natural, de lo biológico, fuera de lo cultural y del conocimiento. Lo que nos pasa a nosotras es natural y eso tiene también sus propias razones y consecuencias.

Vistas estas circunstancias conviene reexaminar qué tecnologías e innovaciones tecnológicas encontramos en las actividades de mantenimiento realizadas por las poblaciones prehistóricas para reivindicar su aportación al conocimiento de estas sociedades.

LAS TECNOLOGÍAS CULINARIAS

Por tecnologías culinarias entendemos el conjunto de procesos aplicados a los alimentos para transformarlos en productos aptos para el consumo o para conservarlos. Estos procesos implican acciones tan distintas como el abastecimiento de materias primas y su procesado, las diferentes técnicas de cocinado o la creación de estrategias para la conservación y almacenaje. A pesar de la importancia de los procesos tecnológicos que implican y de los aspectos relacionados con la transmisión de conocimiento y el aprendizaje, con la tradición e innovación o con la identidad y la memoria, no se les ha dado la relevancia suficiente a la hora de analizar los procesos históricos. Sin embargo, su estudio puede ayudarnos a comprender cómo se realizaron en el pasado estos trabajos, qué tecnologías y conocimientos se utilizaron y su importancia social.

De entre todas las materias primas consumibles —carne, pescado, frutas, frutos, leguminosas— los cereales han jugado un papel muy relevante en las estrategias de alimentación en el pasado —y lo siguen jugando en el presente—; no solo porque son una fuente de carbohidratos, y por lo tanto un alimento energético, sino porque la poca cantidad de grasa y agua que poseen les proporcionan unas excelentes condiciones para la conservación pudiendo prolongarse su almacenamiento en niveles óptimos por un largo tiempo.

Eso sí, tras su cosechado es necesario desarrollar una serie de acciones: la trilla, el aventado, el cribado y, en ocasiones, el torrefactado; todas ellas actividades que dejan huella en el registro arqueológico. En el poblado de la Edad del Bronce de Peñalosa (Baños de la Encina, Jaén) sabemos que al menos el cribado y la limpieza previa a su almacenamiento se realizaban en el exterior de las viviendas; y lo sabemos porque se han encontrado restos de espigas (raquis) y malas hierbas carbonizadas en las entradas de algunas de las viviendas. En ocasiones, además de esta primera limpieza, se procedía a torrefactar el cereal, una de las tecnologías dedicadas a la conservación que podemos detectar en el registro arqueológico. Mediante el torrefactado, es decir el tostado del cereal, se consigue la inactivación de las enzimas y por tanto su conservación; eso sí, la esterilización mediante el fuego disminuye los nutrientes, particularmente las vitaminas, y reduce la calidad nutricional de las proteínas, por lo que probablemente se utilizara de manera limitada.

Una vez limpio el cereal debió ser almacenado mediante la utilización de recipientes o estructuras que lo aislaran y mantuvieran en unas condiciones adecuadas de humedad y temperatura. La elección del lugar para su almacenamiento, ya sea en el interior o al exterior de las viviendas, y el tipo de estructura utilizada, serán claves para entender los cambios que se producen en la organización social y económica de una comunidad, sobre todo teniendo en cuenta el uso cotidiano que las poblaciones harían de estos lugares. Aquí por ejemplo es especialmente útil analizar las vasijas cerámicas en términos de eficiencia y uso en el almacenamiento. En el mencionado poblado de Peñalosa, la concienzuda elaboración de las grandes orzas de tipos distintos usadas para esta actividad de almacenaje queda demostrada, por ejemplo, por la cuidada selección de las arcillas y por el laborioso proceso de fabricación, que incluía, entre otras cosas, la introducción deliberada de paja trillada en las arcillas, lo que presumiblemente serviría para disminuir la proporción de agua en la mezcla y asegurar así secados más rápidos y otras características que favorecerían su manejo y su transporte.

Y tras el almacenamiento, estos cereales necesitan ser procesados. Para conseguir la harina con la que hacer gachas, pastas, tortas o panes, alimentos que constituyen la base fundamental de la alimentación en estas sociedades, es necesaria la molienda. Un proceso mecánico de moltura mediante un movimiento de vaivén de la llamada «mano de molino» sobre el molino en el que se sitúa el cereal. Una actividad extenuante, laboriosa y mecánica cuyas evidencias, muy frecuentes en el mundo argárico, que es como denominamos a la Edad del Bronce en el sureste de la península ibérica, son las propias estructuras de molienda y las huellas que deja en el cuerpo el realizar esta actividad.

Así, el estudio de los restos óseos de algunas necrópolis de la provincia de Granada durante este periodo como las del Cerro de la Encina (Monachil), Castellón Alto (Galera), Cuesta del Negro (Purullena), Fuente Amarga (Galera), Cerro de la Virgen (Orce) y Terrera del Reloj (Dehesas de Guadix) y la propia Peñalosa (Baños de la Encina, Jaén) muestra que las mujeres presentan una mayor intensidad y concentración de patologías degenerativas como la artrosis en la columna vertebral, manos, caderas, rodillas y pies (tobillo y dedos) relacionada directamente con esta actividad. Por tanto, podríamos suponer que, al menos en estas sociedades, son ellas las encargadas de llevar a cabo esta actividad tan imprescindible como esforzada.

El siguiente proceso es el cocinado de los alimentos. Una vez obtenidas y procesadas las materias primas, el siguiente paso será la transformación de esos recursos vegetales y animales en productos comestibles a corto y largo plazo. Hervir, freír, asar, cocer, cocinar al vapor, ahumar, marinar, fermentar u otras tantas son acciones que necesitan a su vez de otras faenas que pueden discurrir de forma paralela. Por un lado, la obtención de aquellos recursos que resultan imprescindibles para la conversión de las materias primas en alimento, básicamente agua y combustible, y por otro, el mantenimiento de los lugares (hornos, almacenes, basureros) y artefactos (utillaje de cocina, vasijas, molinos...). Yacimientos como el de Peñalosa (Baños de la Encina, Jaén) o Cerro de la Encina (Monachil, Granada), ambos de la Edad del Bronce, han proporcionado información muy relevante acerca de estos procesos a través del análisis de las vasijas cerámicas. Así conocemos distintas tipologías de cerámica de cocina, especialmente ollas de distintos tipos y dimensiones, que poseen una altísima calidad en su elaboración y que permiten ajustar las cocciones a tiempos e intensidades diferentes y adecuadas a cada tipo de alimentos según convenga. Un curioso ejemplo de esas técnicas de cocina es la constatación del uso de tapaderas de pizarra para conseguir la reducción de los alimentos a través del hervido.

Por otro lado, el análisis de contenidos cerámicos, es decir, el análisis de los restos de alimentos que aún permanecen en el interior de las vasijas cerámicas, nos acerca al tipo de alimentos consumidos por las distintas poblaciones. Los resultados obtenidos en el poblado de Peñalosa nos proporcionan datos de la variabilidad de los productos cocinados: grasa animal, pescado y aceites vegetales. Un dato curioso: el estudio de estos residuos en las cerámicas de cocina de este poblado ha identificado grasa de rumiantes, específicamente grasa de caballo, lo que, junto al estudio de los huesos de animales y las marcas de descuartizado, corrobora la idea de que en este yacimiento se consumía la carne de este animal. Las marcas de descuartizamiento realizadas sobre todo en bóvidos, caballos y ovicápridos, indican una gran pericia a la hora de realizar el despiece de la carne y una especial preferencia por las partes anatómicas axiales y apendiculares. Es decir, cráneo, columna vertebral, costillas y esternón por un lado y huesos de los miembros superiores e inferiores por otro. Estas partes son las más propicias para su consumo bien mediante el hervido, ya constatado por los tipos cerámicos mencionados con anterioridad, o bien asados, indicado por la aparición en estos restos de marcas de exposición al fuego.

LAS TECNOLOGÍAS DE LA VESTIMENTA

La producción textil es otra de las actividades que no ha gozado de un reconocimiento explícito en el ámbito económico y social de las sociedades del pasado. La elaboración de vestimentas posee una doble vertiente: por un lado cubre las necesidades de abrigo y protección y por otro, sirve como indicador de identidades sociales, marcadas por las diferencias que se pudieron establecer por razones de estatus social, género o edad, funcionando, en ocasiones, como marcador de la memoria colectiva (un buen ejemplo puede ser lo que sucede en la actualidad con los trajes regionales). El análisis de las tecnologías textiles nos acerca a procesos cambiantes a lo largo del tiempo, con una alta dosis de innovación, e incluso de especialización dada la complejidad que a veces representa su proceso tecnológico. El análisis de la cultura material asociada a estas actividades bien en asentamientos, bien en contextos funerarios nos demuestra su pertinencia y su capacidad explicativa.

Uno de los principales hándicaps que podemos enfrentar a la hora de analizar estas tecnologías es la dificultad en la conservación de los tejidos. Aun así, podemos inferir su práctica a través de las evidencias indirectas, desde la presencia de materias primas —lana, lino y esparto— a los instrumentos necesarios para su realización —fusayolas, agujas, telares y pesas de telar— o del análisis combinado desde la arqueofauna y la arqueobotánica que nos acercan a la producción textil desde diversas perspectivas y contextos.

Al igual que la preparación de alimentos, la producción textil es un proceso con múltiples de fases, desde la elección de la materia prima, la preparación de la misma —la seda, el lino, el algodón o la lana requieren tratamientos previos a la obtención del hilo—, la elaboración del tejido, el diseño de la vestimenta y su manufactura y la aplicación o no, de motivos decorativos. Sin duda, una larga cadena de producción que requiere la aplicación de conocimiento, experiencia, sabiduría, innovación, experimentación, imaginación y sobre todo un largo proceso de aprendizaje que muy probablemente se iniciase durante la infancia.

Las transformaciones de los sistemas tecnológicos relativos a la producción textil durante la Prehistoria demuestran el dinamismo de las innovaciones en esta actividad. Unos cambios que se han ido produciendo con relativa rapidez: desde las agujas en el Paleolítico como las encontradas en la Cueva de Las Caldas (Oviedo) hasta punzones de hueso y tensores de hilos neolíticos, pasando por los cuernecillos de arcilla utilizados en la producción textil de la Edad del Cobre que aparecen en yacimientos como El Malagón (Cúllar), las estructuras de telar en madera y las pesas circulares en arcilla mencionadas para el caso de Peñalosa o el Cerro de la Encina, las fusayolas en piedra del Bronce Final de Cabezuelos (Úbeda, Jaén) o los telares de placa del mundo ibero como los aparecidos en Puente Tablas (Jaén).

Vamos a fijarnos en dos de los periodos mencionados para analizar esta tecnología: las poblaciones argáricas y las sociedades íberas. Un aspecto fundamental para reconstruir estas tecnologías es conocer en qué lugares se sitúan las áreas de producción textil. El registro arqueológico nos muestra una acumulación de todos aquellos instrumentos que forman parte del proceso de producción: pesas de telar, punzones, agujas o leznas e incluso en algunas ocasiones las huellas de los telares de madera en espacios cercanos a los puntos de luz —ventanas, puertas, zonas de paso o tragaluces—. Esta localización de los restos nos puede indicar cómo y dónde se organiza el trabajo. Por ejemplo, hilar o tejer son actividades que pueden ser interrumpidas y reanudadas con facilidad, lo que permite desarrollar otras actividades en paralelo. En Peñalosa las pesas de telar, punzones y agujas aparecen en solo una de las viviendas de cada una de las terrazas ocupadas. En el resto de las viviendas aparecen otros útiles, como las leznas, que se usan para remendar y coser tejidos ya elaborados, pero no para producirlos. Esto ha llevado a plantear dos hipótesis: la primera demostraría una actividad especializada, en la que únicamente algunas personas tendrían la habilidad y los conocimientos necesarios para llevar a cabo esta producción. La segunda posibilidad es que los espacios con más evidencias de producción fuesen lugares de reunión en los que, además de trabajos de producción, cosido y reparación de vestimentas y tejidos, se diese la socialización de quienes llevaban a cabo estas prácticas.

Otro tipo de evidencias de la producción textil son las huellas en los cuerpos consecuencia de la realización de esa actividad. El análisis del desgaste dental realizado a 106 personas enterradas en el yacimiento argárico de Castellón Alto (Galera, Granada) nos indica que cinco de las mujeres que habitaron el asentamiento se ayudaban de los dientes para realizar tareas relacionadas con la elaboración de hilos y cordajes. Los dientes presentan muescas, roturas en el esmalte y surcos producidos por la manipulación de fibras de origen vegetal y animal relacionadas con la producción textil y la cestería. Esto demuestra que, en este poblado, existía una especialización en el trabajo en la que un grupo reducido de mujeres se dedicaría a la artesanía relacionada con la confección de hilos. Cuando observamos que esas marcas aparecen en mujeres de distintas edades, con un desgaste más marcado cuanta más edad tienen, nos permite hablar de aprendizaje, de transmisión de conocimiento y nos hace ver que esa especialización, empezaba en su adolescencia y proseguía durante toda su vida. No es un hallazgo singular; encontramos este tipo de evidencias en otros yacimientos argáricos como el de Laderas del Castillo (Callosa de Segura, Alicante) en donde entre los dientes de una mujer joven con estas marcas aparecen restos de fibra de lino.

También las vestimentas son una evidencia reveladora, aunque muy escasa y frágil por la pobre conservación de la materia orgánica. En ocasiones, el textil se conserva adherido a elementos metálicos que permiten observar el tipo de trenzado o de urdimbre. Muy raramente encontramos ejemplos como el de la sepultura 121 de Castellón Alto en donde se preservaron los tejidos correspondientes a la vestimenta de lana y lino de un hombre adulto y una criatura.

Como vemos, al menos en estos yacimientos, los estudios antropológicos parecen vincular a las mujeres con el textil en algunos momentos del proceso de producción. Pero quizá uno de los ejemplos más significativos de los que significa el textil en relación a la identidad femenina es el de los punzones. Los punzones metálicos de esta época aparecen mayoritariamente en las tumbas ocupadas por mujeres y apoyan su vinculación simbólica con esta manufactura. El estudio de 140 sepulturas en diferentes necrópolis argáricas del sureste de la península ibérica ha proporcionado un total de 27 punzones como parte de los ajuares funerarios, veinticinco de ellos en metal y dos de hueso trabajado. Estos últimos asociados a un individuo adulto varón y un individuo infantil. Los análisis estadísticos realizados sobre esta muestra dan un valor significativo y altamente representativo a la asociación entre mujeres y punzones. Estos útiles debieron usarse en actividades cotidianas como, por ejemplo, el trabajo de la piel, la manufactura textil, la cestería o la reparación de otros objetos, pero, al aparecer, en las sepulturas se conectan también desde lo simbólico y lo ritual. Estos útiles formaron parte de la identidad de las mujeres argáricas independientemente de su estatus social y de su edad.

Dando un salto temporal importante, hasta las poblaciones íberas, podemos documentar la producción textil en asentamientos como el de Puente Tablas (Jaén) a través de las evidencias indirectas. La aparición de materias primas, en este caso lana, lino y esparto, y de los instrumentos necesarios para su realización, como fusayolas, telares de placa y pesas de telar, además del análisis combinado desde la arqueofauna y la arqueobotánica y el estudio de las fuentes literarias romanas nos permiten acercarnos al desarrollo de las actividades del hilado desde diversas perspectivas y contextos.

El análisis de los lugares en los que han aparecido estos materiales ha permitido saber que la producción se realizó en los espacios domésticos, aunque no en todos ellos. En algunas casas pertenecientes a la población con estatus social más elevado, no se documenta esta producción, lo que nos podría indicar cierto nivel de especialización, organización y control. Es decir, hay gente que produce el tejido y otra gente que lo compra o gente que tiene a otras personas produciendo para ellas. Además, las diferentes formas y pesas de telar, así como el hallazgo de telares muy específicos como los de placa, que permiten crear patrones decorativos, sugieren tipos de producción diferenciados para vestimentas, ropa de cama, tapices o ajuar doméstico. A estos datos podríamos sumar la aparición de representaciones como la de Sant Miquel de Llíria en Valencia, que muestra el uso de elementos de hilado asociados con mujeres jóvenes y que nos remitiría a aspectos relacionados con el aprendizaje y transmisión de conocimientos de los diferentes procesos de tejido. Una hipótesis reforzada también con el análisis del papel que pueden jugar en la transferencia de conocimiento, las miniaturas de esos útiles, quizá juguetes, que a menudo aparecen en contextos arqueológicos.

LAS TECNOLOGÍAS DE LA CRIANZA

La Arqueología, especialmente la dedicada al estudio de las sociedades prehistóricas, ha contribuido en los últimos años de manera muy significativa al cambio conceptual en la construcción de la maternidad y a situarla en el centro del debate sobre las sociedades prehistóricas. En lo que se refiere a las prácticas de cuidado, hemos puesto en los últimos años el énfasis en lo que denominamos prácticas maternales, aquellos trabajos que tienen como objetivo lograr que las criaturas alcancen la vida adulta en condiciones óptimas, no solo en lo que se refiere a su desarrollo biológico sino también en el social, identitario y afectivo. El estudio de la crianza —cuidado, alimentación, procesos de socialización y aprendizaje— y de cómo estas estrategias de las sociedades se negocian y organizan, resulta una excelente fuente de información acerca de cuestiones relativas a las prácticas sociales, económicas e ideológicas, pero también tecnológicas de los grupos humanos del pasado. La enorme dependencia de los niños y niñas durante sus primeros años de vida requiere estrategias definidas por innovaciones tecnológicas, conocimientos y experiencias.

Aunque entendemos que es muy probable que en las sociedades prehistóricas las prácticas maternales fueran desarrolladas en la mayor parte de las ocasiones por las madres, debido al hecho que constituyen las primeras necesidades alimenticias de las criaturas, no debemos olvidar que la maternidad, precisamente porque es una construcción cultural cargada de significados sociales, económicos, culturales, políticos, psicológicos y personales, dependerá de las necesidades y estrategias de organización de cada una de las sociedades a estudio. No es anecdótico ese bonito proverbio africano que señala que «hace falta toda una aldea para criar un niño».

Es en el estudio de las prácticas de cuidado y socialización de las criaturas donde la investigación acerca de la crianza resulta más atractiva. Las distintas aproximaciones teóricas y metodológicas están permitiendo que seamos capaces de considerar, y por tanto de recuperar, momentos tan importantes como el parto; de reconocer la multitud de objetos especialmente diseñados para el juego, el transporte y el vestido; de examinar, gracias a la implementación de nuevas analíticas, las prácticas de lactancia y destete; o de entender que la prácticas de cuidado en ocasiones también tienen su reflejo en los contextos funerarios de las sociedades prehistóricas.

Las prácticas de cuidado y alimentación de las criaturas son dos de los aspectos que están más marcados por ideas preconcebidas. La escasa atención recibida por las estrategias de alimentación de los individuos infantiles en las sociedades del pasado se debe a dos razones. Por una parte, los procesos de lactancia y destete han sido considerados como naturales, inmutables, universales y con un marcado carácter esencialista vinculado a las mujeres. En pocas ocasiones se ha prestado atención a la cantidad de trabajo que supone, a las distintas tecnologías aplicadas en el proceso de sustitución de la leche materna por otros alimentos o a las estrategias sociales establecidas para llevar adelante este proceso con éxito y que son susceptibles de diferir entre distintas comunidades.

El análisis de los restos óseos en la mayor parte de las sociedades prehistóricas muestra que los niños mueren por dos conjuntos de factores: causas endógenas, influenciadas por las condiciones antes o durante el parto, y causas exógenas, originadas por la calidad del medioambiente postnatal. Entre las causas exógenas, el momento más crítico se produce con el fin de la lactancia; el paso desde la seguridad de la leche materna a otro tipo de alimentos es un proceso comprometido debido, sobre todo, a las situaciones higiénico-sanitarias deficientes de estas poblaciones. En determinadas sociedades con condiciones de salubridad insuficientes, la retirada temprana de la leche materna puede provocar diarreas y alergias, debido a que los sistemas digestivos e inmunológicos no están totalmente formados. Ante esta situación, las poblaciones generan estrategias que no solo responden a criterios biológicos, sino que están influenciadas por factores culturales.

El término destete se aplica al periodo que se inicia en el momento de la introducción de alimentos adicionales en la dieta de la criatura hasta el cese total de la lactancia materna. En sociedades no industrializadas la lactancia materna o por una nodriza es, prácticamente, la única fuente de alimentación en menores de seis meses. La leche materna aporta proteínas e inmunidad con los anticuerpos. Esos seis meses coinciden con la aparición de los primeros dientes y hasta esa edad las criaturas toleran mal la leche de otros mamíferos como la de vaca, cabra u oveja. La transición a la ingesta de alimentos sólidos expone a un incremento de infecciones bacterianas, virales o parasitarias, fundamentalmente por la falta de higiene en la preparación de los alimentos y la debilidad por inmadurez del sistema inmune. Las infecciones en el tubo digestivo y las intolerancias a los alimentos provocan diarreas que pueden ocasionar la muerte. Por otra parte, una dieta pobre en contenido nutricional provoca el retardo del crecimiento y desarrollo.

La estrategia para conocer la duración de la lactancia pasa por entender cuáles son las huellas que deja en los individuos infantiles el proceso de destete. El comienzo de este proceso supone, para la mayoría de las criaturas, un estrés metabólico que deja trazas en sus cuerpos. Por ejemplo, quienes solo reciben lactancia materna presentan patrones como un alto nivel de isótopos de nitrógeno típicos de una dieta a base de proteínas de origen animal, en muchos casos más altos que los típicos carnívoros, ya que la leche humana tiene valores más altos en $\delta15N$ que los herbívoros. A medida que se va produciendo el proceso del destete y la leche materna se va sustituyendo progresivamente por papillas o gachas de cereales, las criaturas se sitúan en el extremo más bajo en nitrógeno, hasta que introducen en su alimentación productos de origen animal y sus valores se asemejan a los de la mayoría de los adultos.

Durante el proceso de destete, la leche materna se va sustituyendo por leche de otros animales como cabras, ovejas, vacas o caballos. El uso de esta alimentación de substitución conlleva un tipo de cultura material muy determinado, que supone innovación tanto en la tecnología como en la invención de nuevos objetos. Las criaturas pueden ser alimentadas con la leche de animales usando cucharas, vasos y, sobre todo, biberones. Para el registro funerario de la Prehistoria europea que conocemos, y que nos permitiría asociar este tipo de utensilio a individuos infantiles, las cucharas están prácticamente ausentes; una rara excepción es la aparecida en la sepultura 64 de la necrópolis de la Edad del Bronce de Pitten (Turquía) en la que aparece una cuchara asociada a la inhumación de un individuo de unos 4 o 5 años de edad. Por otra parte, desde el trabajo de Clemens Eibner (1973) sobre los biberones en la Edad del Bronce se han encontrado bastantes evidencias que apoyan la relación entre estos pequeños vasos y la alimentación infantil. Algunas autoras consideran que los biberones son elementos transicionales —y no siempre sustitutivos— entre la lactancia de pecho y el momento del destete. Los biberones, es decir, vasos con un pequeño pitorro a través del cual se vierte el líquido, son más frecuentes en los contextos funerarios prehistóricos. Tenemos ejemplos como los procedentes de las necrópolis neolíticas alemanas de Steigra y Aiterhofen hallados en tumbas infantiles o el encontrado en el interior de una urna con los restos cremados de un niño entre 0 y 6 años en la necrópolis de Franzhausen-Kokoron (Austria). Otros posibles vasos de alimentación aparecieron en la necrópolis neolítica de Jebel Moya, en Nubia, donde se encontraron dos recipientes de este tipo junto a la tumba de dos gemelos o los documentados en varias necrópolis de la Edad del Bronce del Egeo. En todos esos casos es necesario el diseño de un vaso con unas determinadas características funcionales y formales que, sin duda, suponen innovación tecnológica.

La segunda de las opciones para alimentar a las criaturas que no pueden hacerlo a través de la lactancia son las gachas preparadas con cereales y mezcladas con leche, agua o algún caldo. En este sentido, varios estudios han planteado que una de las razones por las que la tecnología cerámica dio un salto cualitativo fue la necesidad de recipientes cerámicos que permitieran que, ese alimento sustitutivo fuese más fácilmente digerible por niños y niñas en las primeras fases de alimentación adulta, ya que necesitan cocciones largas y a temperaturas superiores a los 100° C. Cambios tecnológicos y cultura material asociada a la alimentación infantil que se hace cada vez más compleja una vez que las poblaciones se hacen sedentarias, ya que el aumento de nacimientos supuso un destete igualmente sostenido en el tiempo, pero con un comienzo más temprano que en las poblaciones móviles. Una tipología de cultura material que también encontramos en otros materiales como astas de bóvidos utilizadas como biberones prácticamente sin ninguna modificación o ubres de bóvidos secadas y preparadas con un dispositivo para la succión.

LAS TECNOLOGÍAS APRENDIDAS

Otras estrategias fundamentales dentro de las prácticas de crianza son los mecanismos de aprendizaje y socialización. Es durante este periodo cuando las sociedades aseguran la transmisión de patrones culturales, tecnológicos y simbólicos y garantizan que niños y niñas aprendan a desenvolverse en su entorno de acuerdo a la norma social, algo imprescindible para la pervivencia de cualquier comunidad. Aunque aprendizaje y socialización son procesos que ocurren en paralelo, el primero se refiere a la adquisición de habilidades y conocimientos específicos y al uso de ciertas tecnologías que permiten que los individuos infantiles sean capaces de realizar tareas productivas. La socialización, por su parte, introduce a niños y niñas en la particular cosmovisión del grupo. De este modo, llegan a ser capaces de manejarse en esferas relacionadas con la identidad social y con las formas de compresión de la realidad.

Desde hace algunos años existe un buen número de trabajos que intentan profundizar en la identificación de los procesos de aprendizaje a través del registro arqueológico, tanto en lo que se refiere a la producción de útiles de piedra como a la producción cerámica. Vamos a centrarnos precisamente en esta última. El aprendizaje de la tecnología cerámica tuvo que producirse necesariamente desde una edad muy temprana con distintas responsabilidades por parte de niñas y niños dependiendo de cada estadio en el desarrollo de sus habilidades psicomotrices. Por ejemplo, se han realizado estudios que relacionan la edad de aprendizaje y la madurez cognitiva y habilidades motoras con la capacidad de producir determinadas formas cerámicas. La transmisión de conocimientos en todo este proceso no es solo técnica, implica formas de aprendizaje, imitación, lecciones más o menos formales, y probablemente marcadas por cuestiones de género y edad.

Las estrategias de aprendizaje, las formas de articularlo y la capacidad de explicación social tienen también una interesante fuente de información en los estudios etnoarqueológicos. Elisabeth Bagwell (2002) en su estudio de los Pueblo o Patricia Crown (2001) con los Hokonan y los Mimbres del sudoeste de Estados Unidos demuestran que aprender a hacer cerámica requiere ser capaz de realizar tareas tales como seleccionar la materia prima adecuada, prepararla, dar forma a la arcilla, secarla y terminar las vasijas con o sin decoración. Los trabajos de Helene Wallaert-Petre (2001) sobre la producción cerámica de cuatro grupos distintos del área de Faro en Camerún (los Dii, los Duupa, los Doayo y los Fali) nos muestran las distintas formas de organizar el aprendizaje de las comunidades independientemente de poseer características económicas y sociales muy parecidas. En los tres primeros grupos, las encargadas de la producción cerámica son las esposas e hijas de los hombres dedicados a la producción metalúrgica. El proceso de aprendizaje comienza entre los siete y los nueve años y continuará durante los años siguientes bajo la supervisión cercana de la madre o una persona del núcleo familiar. La dimensión simbólica de este aprendizaje queda plasmada en la celebración de un ritual en el que la nueva ceramista es bendecida por sus padres delante de la comunidad y recibe su propio instrumental. Por su parte, entre los Fali, cualquier mujer puede aprender a hacer cerámica y el fin del aprendizaje no queda institucionalizado a través de ningún ritual. Por su parte, las niñas Kusasi (norte de Ghana) se introducen en la tecnología cerámica como una tarea más del aprendizaje de los trabajos domésticos que aprenden de sus madres. Poseen cierta libertad al escoger la persona de la que aprender o incluso el método de aprendizaje. Entre los cinco y los siete años experimentan con la arcilla en un contexto lúdico, en el que también participan los niños; a partir de los once o doce años, comienzan el aprendizaje propiamente dicho. El registro arqueológico nos proporciona información sobre el aprendizaje de esta tecnología a través de piezas cerámicas encontradas en contextos domésticos en proceso de elaboración. Las piezas resultantes presentan típicas imperfecciones en su manufactura, en su tipología o exhiben decoraciones inusuales nos remiten a aprendices con poca experiencia o habilidad. En otras ocasiones, estos vasos aparecen al interior de sepulturas, son normalmente piezas que aún presentan defectos pero que denotan un estado más avanzado de aprendizaje. En la península ibérica tenemos algunos ejemplos de estudios sobre aprendizaje cerámico durante las edades del Cobre y Bronce.

Un buen ejemplo para la Edad del Cobre es la aparición en el yacimiento campaniforme de Camino de las Yeseras 1 (Madrid) de un vaso atípico en su forma, con decoración muy tosca en el cuello y con un diseño que intenta reproducir sin éxito un conocido motivo campaniforme. Dadas las irregularidades en la decoración, el torpe modelado y sus pequeñas dimensiones, ha sido interpretado como una posible cerámica realizada por principiantes. También campaniformes son algunas de las miniaturas encontradas en yacimientos como el de Los Vascos (Madrid), donde aparece un vasito pequeño de pared muy gruesa, con un perfil y bordes irregulares y sin signos de acabado de la superficie. En cualquier caso, la aparición de diseños fuera de la norma en la decoración puede no ser necesariamente reflejo de una falta de pericia, sino muestra de las innovaciones y la creatividad de quienes aprenden e introducen motivos y diseños propios de manera que podemos inferir la agencia de los niños y niñas.

Durante la Cultura de El Argar tenemos buenos ejemplos del aprendizaje cerámico en poblados como Peñalosa

(Baños de la Encina) o Cerro de la Encina (Monachil). En el primero de ellos, en dos de sus fases de ocupación se han detectado hasta 21 vasos que pueden ser considerados como realizados durante el aprendizaje. Todos comparten las mismas características mencionadas con anterioridad: pequeña escala, imitación de tipos, formas asimétricas, sin tratamiento de la superficie y cocciones a muy baja temperatura. La observación del uso de técnicas con diferente complejidad con las que se han elaborado estos vasos, ha servido incluso para documentar dos momentos del proceso. El primero marcaría los inicios del aprendizaje con técnicas asequibles como el rehundido, es decir, manipulando el bloque de arcilla de manera que se produzca un hundimiento y a partir de ahí darle forma; y un segundo momento que se produciría tras adquirir las habilidades necesarias y en el que se pasaría a emplear rollos como técnica de modelado, y que consiste en extender largos y finos rollos de arcilla que se apilan unos encima de otros para crear una forma.

En el caso del Cerro de la Encina, estas formas cerámicas que imitan la alta calidad de la cerámica argárica pero con esas formas asimétricas sin evidencias de tratamiento de las superficies aparecen tanto en contextos domésticos como en funerarios. Es el caso de la sepultura 22, una doble inhumación infantil con un ajuar compuesto por un cuenco parabólico, un collar perfectamente articulado de pequeñas cuentas de piedra y uno de estos pequeños vasitos de tosca factura (Aranda et al., 2022).

Y AHORA ¿QUÉ ES TECNOLOGÍA?

En el trascurso de estas páginas hemos visto tecnologías innovadoras y complejas, relacionadas con la alimentación, el cuidado, el aprendizaje, la vestimenta... unas prácticas que presentan una enorme variabilidad y capacidad de adaptación dependiendo de las condiciones medioambientales, económicas, sociales y políticas de las sociedades que las llevan a cabo y eso las convierten en tremendamente dinámicas y transformadoras.

No prestarles la debida atención hace que no seamos capaces de comprender la complejidad de la experiencia humana en su totalidad. Entender que solo algunas tecnologías tienen valor económico y social termina siendo un lastre para nuestro conocimiento acerca de las estrategias que cada una de las sociedades ha elaborado para poder ser exitosa. Pero además, el «olvido» de la importancia de las actividades mencionadas en este capítulo y de otras muchas relacionadas con la salud, los espacios en los que vivimos o los afectos no solo nos hurta información sobre quiénes somos sino que cualifica de manera peyorativa a quienes en su mayor parte (aunque no de forma exclusiva ni esencialista) han realizado estos trabajos y aplicado estas tecnologías a lo largo y ancho del mundo desde la Prehistoria hasta la actualidad: las mujeres.

La consecuencia la mencionábamos al principio de este capítulo, la minusvaloración de estos trabajos sostiene la desigualdad. Porque el problema no es que las mujeres hayan hecho estos trabajos, el problema es que desde posiciones actualistas e ideológicas hemos decidido que esos trabajos no tienen valor. Nuestro empeño como académicas y científicas debe ser traer al primer plano de la explicación histórica estos trabajos con sus conocimientos, sus tecnologías y sus efectos. Hacer entender que, sin ellos, la existencia humana es imposible. Sin cuidar, alimentar, curar o enseñar nada de aquello que hemos considerado como «lo importante» es viable. Así que empecemos desde el principio y reconsideremos estas tecnologías que nos permiten vivir.

MATER DOLOROSA, LA OTRA HISTORIA DE LA OBSTETRICIA

Enriqueta Barranco Castillo

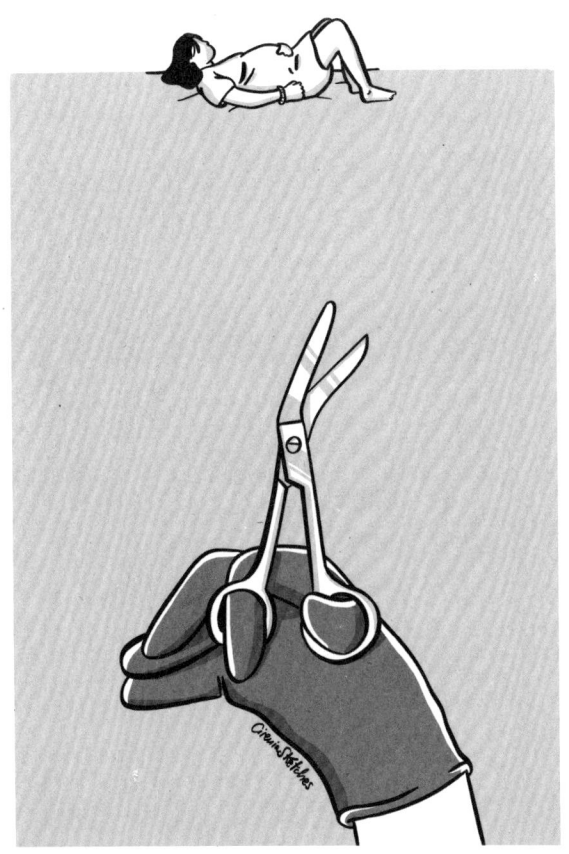

Los ocho siglos de predominio islámico en la península ibérica sirvieron, entre otras cosas, para que la medicina greco-helenística, y otras ciencias a las que no vamos a hacer referencia, sufrieran un proceso de arabización y penetraran en Europa en el período al que se ha llamado «renacimiento», que en medicina no fue de progreso sino de asimilación de la herencia recibida. La maternidad, a lo largo de la historia, ha sido un proceso que cabalgaba entre acontecimiento social y proceso personal, este último con grandes implicaciones para la mujer que se convertía en madre, como si se partiera en dos después de alumbrar a un nuevo ser humano, que con, o sin, su ayuda se integraría y generaría bienes en la sociedad en la que había nacido.

El principal objetivo de este capítulo es el de investigar y poner de manifiesto cómo se representaba el parto como acontecimiento social en algunas obras de arte y textos escritos y si de alguna forma se pueden vislumbrar rasgos de un término tan amplio como impreciso, denominado actualmente violencia obstétrica, partiendo de la idea de que lo que parece un concepto novedoso pudiera ser en realidad un hecho histórico, aunque antes no se expresara con estos términos, porque la vida del bebé en camino podía estar por encima de la salud de la madre o ésta se encontraba tan debilitada que el resultado no interesaba demasiado.

Hablaremos también de la irrupción de las nuevas tecnologías en la atención a la mujer gestante durante el siglo XX, especialmente las pruebas hormonales y los ultrasonidos, ambas capaces de predecir el presente y el futuro inmediato del nuevo ser en gestación, sin recurrir al astrolabio, como se hacía en el pasado y sin olvidar el puerperio y la lactancia.

EL ARTE DE PARIR O EL PARTO EN EL ARTE

No podemos olvidar que históricamente la asistencia al parto estaba en manos de las mujeres, quienes se transmitían entre ellas los conocimientos que tenían, existiendo además algunas sagas familiares que los conservaban y legaban de generación en generación. Para comprender el parto en el pasado solo contamos con algunas representaciones en determinadas obras de arte. Las ilustraciones del acto de alumbrar que podemos contemplar en algunas publicaciones medievales, originarias del próximo oriente islámico, tenían sus peculiaridades; pero siempre observamos que se trataba de un acto entre mujeres. En algunos grabados policromados vemos que una llevaba la lámpara encendida para alumbrar, la comadrona, sentada en el suelo frente a la parturienta, también sentada, esperaba la salida del bebé y estaba distinguida con un brazalete; mientras tanto, el astrólogo, elevado a un nivel superior, con su astrolabio interrogaba a los astros sobre el futuro del nuevo ser; después el amanuense escribiría su carta astral.

Otras representaciones pictóricas y escultóricas en las que se simbolizan escenas de parto nos acercan al acto social en el que se había convertido. En general, se trataba de un momento doloroso, tras el cual la madre y el recién nacido eran separados de inmediato. Si examinamos el arte sacro, generalmente destinado a representar escenas de parto en la familia de Jesús de Nazaret, el escenario puede diferir según la tradición seguida por el artista, que podía ser la griega o la siria. En general, predominaban las destinadas al nacimiento de Jesús, que serviría como un ejemplo a seguir por las mujeres, en un momento en el que la representación visual era la única forma de recibir información, porque en la sociedad del momento predominaban las mujeres iletradas.

En un sarcófago del siglo VI se observa al Niño acostado, bajo una techumbre de tejas sostenida por unos postes rústicos, calentado por el aliento del buey y del burro; y la Virgen está sentada sobre una roca, un poco apartada, en segundo término. Era una forma de presentar la práctica que se siguió utilizando a lo largo de la historia y que alcanzó a la medicina especializada contemporánea, cuando tras el parto el niño era trasladado a un recinto alejado de la madre y en vez de ser calentado por el aliento de los animales, allí se haría por medios mecánicos, alejado del reconocimiento y del calor maternal. La iconografía manifiesta que el parto de la Virgen María había sido indoloro, obviando el dolor de la separación.

En cambio, los seguidores de la tradición siria enseñaban a la Virgen tendida en el suelo o en un colchón, dando la impresión de padecer dolor y agotamiento físico. Estando separada de su hijo, miraba en la lejanía, y el padre José está pensativo a un lado, alejando así el dogma del parto virginal sin dolor que otros autores habían tratado de transmitir. Un tercer elemento de discusión son las imágenes en las que, antes del nacimiento de Jesús, José sale a buscar a dos comadronas, Sara y Raquel, como podemos leer claramente en los evangelios apócrifos, algo que no es aceptado por el dogmatismo religioso. En muchas imágenes, el esposo de la Virgen llega a estar asistido por algún ángel, pero lo cierto es que ella está sola, frente al fruto de su vientre y apartada del mismo, algo que no está demasiado alejado de lo que sucedía hasta no hace demasiado tiempo en las clínicas especializadas.

Por otra parte, los textos sobre la ayuda necesaria en el parto se remontan al siglo x, cuando un médico cordobés, cristiano convertido al islam con el nombre de Arib Ibn Sa'id, escribió un tratado sobre la generación del feto y después otros médicos comenzaron a hacer mención del parto en sus escritos, aunque no siempre de forma amable y respetuosa. Por ejemplo, se indicaba que si éste no avanzaba, la comadrona debía sacudir a la parturienta que podía estar sentada en una silla o atada a una cama o tablero colocado verticalmente; y si a pesar de todo el parto resultaba imposible, tendría que recurrir al cirujano, quien solía extraer el feto fragmentado, utilizando diferentes instrumentos, la mayoría diseñados por el cirujano cordobés Abulcasis (936-1013).

Estas prácticas tan agresivas se prodigaron hasta el primer tercio del siglo xx, siendo la matrona la encargada de modificar la posición fetal, mediante maniobras internas y externas, intentando que el feto se colocara de cabeza si presentaba las nalgas o que lo hiciera de nalgas cuando presentaba la cabeza, pero ésta no atravesaba el canal del parto por tener un diámetro mayor que éste; así se podía traccionar de sus nalgas y extraerlo del seno materno. Ambas maniobras eran extremadamente arriesgadas (actualmente serían objeto de una demanda por violencia obstétrica si alguien se atreviera a ponerlas en práctica) y debían ocasionar grandes dolores a la parturienta. La cesárea no era entonces un recurso habitual y en muchas ocasiones se realizaba *postmorten* para poder bautizar al feto. Hasta la introducción de métodos anestésicos, desinfectantes y mejoras técnicas, la intervención conllevaba grandes riesgos para la vida de la madre.

En el arte pictórico del siglo xv, nos encontramos con representaciones del alumbramiento bastante ilustrativas. En primer lugar, observamos que era una práctica común que las parturientas estuvieran rodeadas de un buen número de mujeres expectantes. Las reinas incluso parían a sus vástagos ante notarios reales, quienes certificaban la legitimidad del recién nacido inmediatamente después de salir del claustro materno. En este caso, los padres generalmente estaban en los aposentos reales, en donde eran notificados, o en las campañas bélicas emprendidas para conquistar otros territorios. Entre el pueblo llano tampoco era habitual la presencia de los padres en el proceso de alumbramiento.

En el arte sacro, destinado a mostrarse tanto en capillas conventuales, como en sacristías o en grandes catedrales, es muy representativa una pintura policromada del siglo xv, atribuida a Nicolás y Martín de Zahórtiga, dos hermanos artistas de origen judío. Aquí imaginaron el nacimiento de la Virgen María, siendo la madre nutrida por sus acompañantes sin aparentar signos del sufrimiento pasado, mientras que la recién nacida está siendo alimentada por dos damas. Obviamente, esta imagen estaba destinada a mostrar a las mujeres el privilegio del que gozó en el parto la que se iba a convertir en abuela de Jesús, la futura santa Ana de los católicos, excluyendo el dolor y el sufrimiento de tan noble acto, probablemente para cumplir con las intenciones de quien hubiera encargado la ejecución de la citada obra artística.

La finalidad de pintar o esculpir escenas del parto era la de promover, en cierta medida, la devoción popular. En el arte español contamos con uno de los escasos cuadros en los que la futura madre casi está sola. Se trata del nacimiento de San Francisco en la ciudad de Asís, y lo podemos contemplar en el retablo de san Andrés apóstol en la iglesia parroquial de Torralba de Ribota (Zaragoza), dónde la madre está sentada en una cama y a sus pies solo aparece una comadre que atiende al recién nacido. El autor intentaba dar una visión del deseado intimismo que rodeó el momento en el que vio la luz el santo de Asís.

En otras obras de la misma época, la parturienta está tumbada en una cama y rodeada de hasta cinco mujeres, aportando aspectos tan interesantes como son la necesidad de calentar las ropas del neonato y alimentar a la recién parida con abundantes y variados manjares, dando la impresión de que lo primero que se debía hacer era nutrirla, porque necesitaba recuperarse de los sufrimientos pasados. Al nuevo ser se le alimentaba inmediatamente después, dándole a probar un alimento líquido.

MATER LACTANS

A lo largo de la historia, las representaciones de la lactancia materna fueron cambiando de significado, mediatizadas por el culto a la leche de la Virgen María, que se convirtió en un medio de someter a las mujeres a la biología y fomentaba aspectos relacionados con la obligación que las mujeres tenían de aceptarla y la escasa libertad para rechazarla. Inicialmente, la leche materna era una garantía de supervivencia para el recién nacido y el culto cristiano la glorificó en sus escritos, aunque los romanos ya habían establecido el significado metafísico de la misma y en su mitología aparecían las diosas amamantando a sus hijos. Durante los primeros siglos del cristianismo, y más tarde, santos y pintores se aliaron para representar a la imagen de «María Lactans» como un símbolo de sabiduría para penitentes, visionarios y santos. La asociación de la leche de María con poderes de intercesión y curación, según Warner, inspiró una enorme cantidad de reliquias en Europa. Desde el siglo XIII, ampollas en las que la leche era guardada se veneraba por toda la cristiandad en santuarios que atraían peregrinos a millares. Otras veces la leche de la Virgen apareció milagrosamente, leche trascendental de los cielos. Algunas veces se hace líquida en determinados días de fiesta, como si fuera fresca. En el arte pictórico, ya en el siglo xii, se continuó representando a María amamantando; pero llegado el Renacimiento este noble acto dejó de ser popular y la leche de la Virgen desapareció del repertorio simbólico. Su imagen se volvió demasiado elevada como para mostrarla dando el pecho a su hijo, aunque muchas de las ideas que contribuyeron al culto de su leche sagrada perduraron en las actitudes ante la lactancia materna en otras épocas de la historia de las mujeres.

En el arte del llamado Siglo de Oro, también nos encontramos con numerosas escenas de parto, todas ellas destinadas al culto religioso católico, siguiendo lo establecido por la contrarreforma. Como ejemplo mencionaremos la escena del nacimiento de la Virgen, obra de Francisco de Zurbarán (1598-1664), en la que nos encontramos con una imagen mucho más real, donde la madre aparece rodeada de seis mujeres que le hacían compañía. La recién nacida está en brazos de una, mientras la madre, en posición semisentada, presenta aspecto de desfallecimiento y en sus manos tiene una expresión de vacío que nos deja atisbar lo que podía sentir cuando su hija era acunada por una extraña.

El pintor Pedro Berruguete (1450-1503), representante de la transición del estilo gótico a la pintura renacentista, al escenificar el nacimiento de la Virgen María fue más allá, exponiendo a la madre semidesnuda, entregando su hija a la dama que la acompañaba, quien la calentará y vestirá, porque la recién nacida aparece totalmente desnuda.

En resumen, este breve repaso por alguna de la imaginería mística que heredamos del pasado nos ha permitido advertir que, de alguna forma, la *mater dolorosa*, no vinculada a la pasión y muerte de su hijo, aparece representada en las obras de arte, lo que junto a la separación madre-hijo, crearía una escuela de madres para las mujeres de su tiempo. En otros casos, la recién nacida se representaba envuelta en unos vendajes que le impedían todo movimiento, lo que podía conllevar complicaciones respiratorias, incluso abocarla a la muerte. Pero es muy significativo que los sentimientos no aparezcan reflejados ni en estas ni en otras representaciones iconográficas del nacimiento místico en torno a Jesús y a su familia.

GESTACIÓN Y PARTO EN LA HISTORIA

Independientemente de las consideraciones artísticas, creemos que es imprescindible hablar de historia de la obstetricia, porque las mujeres devotas tenían imágenes a su vista, pero el aspecto práctico del parto ya era otra cosa. Quizás hasta nos podría resultar sorprendente que un médico tan prestigiado como lo fue Arnau de Vilanova (1238-1311) hubiera intentado obtener fetos humanos en su laboratorio, mezclando la semilla del hombre y la de la mujer y aplicando medios «confortativos y transmutativos», lo que estaba claramente en contra de la naturaleza del proceso reproductivo, teniendo en cuenta que se desconocía prácticamente la esencia de la ovulación y de la función espermática. Johannes de Ketham, un profesor vienés que escribió un tratado de medicina, que fue traducido al castellano, llegó a atribuir las malformaciones fetales al exceso de prácticas sexuales durante el embarazo y con respecto al parto, en el *Quarto tractado delas dolencias delas mugeres* afirmaba que:

> «El modo de nascer las criaturas es este, algunas mugeres hay que tienen en los partos mayores dolores que otras porque algunas veces la criatura

extiende primero el brazo o la mano o el pie y todo aquesto es dañoso: i las amas o mugeres que reciban tornan aquel miembro que sale desordenado pa dentro. E en aquesto reciben las madres muy sobrado dolor: i si desfallecen si no son muy esforzadas pa sufrir hasta que la criatura venga de cabeça: lo cual es natural: i propio pa bien nacer».

En Castilla, cuando en 1477 los Reyes Católicos crearon el llamado Tribunal del Protomedicato, integrado por personalidades prestigiosas encargadas de dar las cartas de aptitud y de delimitar las funciones de médicos, cirujanos y boticarios, las comadronas estuvieron excluidas de esta jurisdicción, a sabiendas de que el arte de partear estaba exclusivamente en sus manos. Uno de sus integrantes fue el médico y alcaide examinador Alonso de Chirino (1365-1429), quien en su libro *Menor daño de la medicina* se ocupó de las llamadas enfermedades de las mujeres y en el que nos encontramos con algunos remedios para intentar aliviar los sufrimientos del parto y del postparto. Avanzado el siglo xv, la violencia en el parto estuvo presente en algunos textos, tales como los escritos por el médico de la corte Francisco López de Villalobos (1473-1549), llamado el «médico poeta», quien trató *Del regimiento delas preñadas* y del que vamos a reproducir un fragmento del capítulo titulado «De la dificultad y trabajo del parto» en su redacción original:

«Por fer la q pare grueffa o pequeñuela / o porque el que nafce efta grande o mal puesto / o por la matriz eftar seca o eftrechuela / o por fer el tiépo que quema o que yela / o porques muy fimple y ruin la partera / o por fer enfermos los miembros vezinos / por todas las caufas daquefta manera / padefce mal parto, y no es mucho que muera / quien pare y confuertes dolores continos» (López de Villalobos, pp. 24-25).

Tras el concilio de Trento (1545-1563), se puso punto final a las representaciones sacras del alumbramiento, suprimiendo todo lo que era considerado inútil. Así, las escenas que nos acercaban al desarrollo de la maternidad dejaron de tener su curioso simbolismo. Sin embargo, la llamada «reforma postridentina» produjo una revolución condicionada por los cambios religiosos, la modificación del Estado y la nueva estructuración social que se fue gestando, poco a poco, y que derivó en una exaltación del matrimonio, de la mujer y del niño. En aquel momento, la vida familiar era una preocupación social y religiosa y las mujeres de las clases más privilegiadas comenzaron a recibir educación.

Nos preguntamos si estos cambios repercutieron en el bienestar de las mujeres durante el parto. Y esto no nos parece tan claro. Las diferentes partes del aparato reproductor femenino no fueron tan bien estudiadas como para poder describir correctamente su anatomía y de ahí muchos de los errores que luego se producían durante el parto. Se pensaba que la vagina y el cuello del útero eran la misma cosa o que los ovarios eran como «testículos menores». Y aunque algunos médicos árabes ya habían refutado la teoría aristotélica de que la sangre menstrual era el alimento del feto, en esta etapa histórica se siguió manteniendo tal creencia, obviando las afirmaciones científicas de los médicos árabes hispánicos, por cuestiones religiosas. La moral conservadora había irrumpido de lleno en el ámbito médico.

Tenemos que resaltar que los cambios sociales también iban empujando a los médicos a tomar conciencia de que el parto entrañaba riesgos para la madre y para el hijo que venía en camino. Para tratar de evitarlos, era necesario mejorar la formación de las comadronas, las que continuaban llevando las riendas del parto, porque la presencia masculina seguía estando vetada. Según Rafael

Martínez (1975), en 1522 un profesional fue quemado vivo en Hamburgo porque tratando de adquirir experiencia *de visu*, penetró en la habitación de una parturienta vestido de mujer. En vista de esta prohibición, los médicos y los cirujanos trataron de transmitir los conocimientos científicos a las verdaderas autoridades técnicas en el arte de partear, publicando textos especializados para su formación.

Aunque desde la Edad Media resolver los partos complicados era función de los cirujanos, su formación obstétrica era más que discutible, con lo que las parturientas correrían muchos más riesgos que si actuaban por su propia iniciativa. Por tanto, el sufrimiento y la violencia obstétrica a buen seguro que estaban presentes, aunque esta última nunca fue enunciada ni reconocida. Sus consecuencias quedaron plasmadas en un texto del cirujano Dionisio Daza Chacón (1510-1596), donde indicaba que los genitales femeninos podían estar inflamados a consecuencia de «desgarros cuando se saca una criatura en el parto y cuando se meten en la madre mechas u otras cosas», lo que llevaba a la parturienta a tan mal estado que a veces no se recuperaba.

Previamente, en un intento de formar a las comadres, el médico y cirujano Damiá Carbó i Malferit (1554-¿?) ya escribió un tratado, copiando la obra de Arib Ibn Sa'id, al que jamás mencionaba, según era costumbre de la época. Dicho texto había sido redactado en lengua árabe y no sabemos dónde ni quién le hizo la traducción, pero lo cierto es que en el mismo volvía a dar, entre otras, recomendaciones para modificar la posición de la cabeza fetal, lo que no ahorraría dolores y sufrimientos a la parturienta. Tampoco mencionaba cómo se resolvían los llamados «partos distócicos o difíciles», pero por las recomendaciones que daba para el tratamiento de los desgarros del periné, nos podemos hacer una idea de la violencia con la que muchos finalizaban.

Con el paso del tiempo, la aceptación social para que un hombre pudiera asistir al parto llegó a considerarse un desprestigio, siendo escasos los que se animaron a hacerlo, fueron terriblemente criticados en su época; a pesar de que ya comenzaban a despuntar como más capacitados que las comadronas. A este respecto, según citó Martínez, Benito Jerónimo Feijoo (1676-1764) llegó a defender su presencia en los partos porque «dos vidas dependen de practicar bien este oficio, la de la madre y la del feto; y éste no solo lo temporal, más la eterna también. Materia de tan suprema importancia ¿no merece que por ella se renuncien todos los melindres del pudor?», pero al final hizo un brindis a las comadronas diciendo que lo correcto sería que ellas recibieran una formación tan buena como la de los hombres.

Para algunos problemas vinculados a la evolución del embarazo, los primeros autores no aportaron remedio alguno, especialmente si se tenían que enfrentar a situaciones menos comunes como eran los embarazos prolongados. Según Martínez, Juan Sánchez Valdés de la Plata, en su obra *Crónica e Historia General del Hombre* (1543) afirmaba que las mujeres pueden estar embarazadas hasta dos años y «unas veces echallo en forma de humores, otras de puercos o sapos, otras como una culebra». Esta referencia, casi anecdótica, también aparecía en la obra de 'Arib Ibn Sa'id, pero leído ahora nos puede llevar a suponer la angustia que padecerían aquellas mujeres que, por error en los cálculos, parían mucho tiempo después del estimado para ello.

El tema de la libre elección que la parturienta podía ejercer acerca del lugar y la persona encargada de asistirla lo trató Juan Alonso y de los Ruices de Fontecha (1560-1620), quien según Martínez, entre otros aspectos, en su obra titulada *Mecorum incipientum medicina, seu medicinae chistianae speculum; tribus luminaribus distitum a medicis inchoantibus prae oculis semper habendum, confessaris ad modum utilis* defendía que la preñada puede acudir a parir a donde ella prefiera, elegir a una u otra comadre, según su criterio y también adoptar medidas para que no sea «aojada» su criatura, mezclando sin pudor los remedios esotéricos con la práctica, cosa nada sorprendente a lo largo del tiempo.

Con respecto a la lactancia materna, Según Martínez, el médico Juan Gutiérrez Godoy (1585) se atrevió a señalar que entre las clases sociales más altas había pocas madres que amamantaran, sobre todo «porque era cosa indecente a señoras principales, nobles y ricas, criar sus hijos a sus pechos», y preferían tener que «sujetarse a una comadre, muger de mala suerte y a veces deshonrada y de malas costumbres».

El tabú de la menstruación, mantenido por los médicos árabes islámicos, seguía vigente durante todo el período estudiado, de tal forma que cuando la mujer menstruaba pasados cuarenta días del parto, se pensaba que el recién nacido amamantado podía padecer indigestiones y diarreas, porque se alteraban las cualidades de la leche. De la reglamentación de esta lactancia también se hicieron cargo otros médicos, quienes dejaron sentadas las indicaciones sobre el número de tetadas, el momento del destete y el modo de llevarlo a cabo. Algunos defendieron a ultranza amamantar, sin tener en cuenta que, como acto individual y personal, cada mujer deberá elegir cómo hacerla.

El médico y humanista Alonso de Carranza escribió en 1628 una obra titulada *Disputatio de Vera Humani Partus Naturalis et Legitimi Designatione* y entre otros aspectos, en sus páginas ya hacía una apología de la profesión de comadre y daba consejos útiles para mejorar su forma de actuar cuando eran requeridas por la justicia, generalmente para que actuaran como forenses, en situaciones tales como la de acreditar la pérdida de la virginidad o detectar falsos embarazos en viudas o mujeres abandonadas que reclamaban una herencia para un supuesto hijo que realmente no esperaban. También tenían que acreditar si el parto de once meses era legítimo.

La medicina renacentista no estuvo ajena a las ideas que la astrología venía manteniendo y la mayoría de los autores del momento seguían insistiendo en la influencia de los astros sobre el embarazo y el parto. Pero lo cierto es que durante siglos, la obstetricia experimentó un escaso progreso, como quedó patente en un texto obra el doctor de la Universidad de Alcalá Francisco Núñez añadido al tratado de cirugía previamente escrito por el cirujano del hospital general de Madrid Juan Fragoso (1530-1597), que primero fueron publicados en 1666 y posteriormente en 1724 fue editado junto a otro tratado de Gerónimo de Ayala. Núñez, en el apartado destinado al parto humano incluía grabados, pero los remedios para aliviar los dolores estaban tomados de la medicina greco-helenística, sin el más mínimo avance, siendo productos que debían ser prescritos por un médico, porque la comadrona no tenía facultades para hacerlo, algo ya recomendado por Sorano de Éfeso muchos siglos atrás (siglo II).

EL CAMBIO DE PARADIGMA: SIGLOS XIX Y XX

La falta de formación de las matronas siguió siendo una preocupación constante entre los médicos, porque a veces presenciaban los desenlaces desafortunados de los partos a los que ellas asistían. En Granada, en plena invasión napoleónica, Juan Ruiz, un médico cirujano y profesor de anatomía, intentó crear una «Academia de Matronas», pero su proyecto quedó aparcado. Una vez que la capital se había recuperado, económica y administrativamente, años después de la salida del ejército francés, ya en 1827 se comenzó a impartir por él una enseñanza obstétrica elemental en la llamada Casa de Amparo de Granada, destinada a formar a las mujeres que deseaban ser matronas y que se inscribieron en su academia.

En 1861, una ley firmada por Isabel II dio paso a que las aspirantes a matrona pudieran recibir una formación reglada. En 1866, el prestigioso médico y catedrático de clínica de obstetricia de la Facultad de Medicina de Madrid Francisco Alonso y Rubio (1813-1894) escribió un *Manual del arte de obstetricia para uso de las matronas*, ideado como algo que pudiera acomodarse a su inteligencia y satisfacer tan cumplidamente como fuera posible el objeto principal de su instrucción, porque pensaba que estas mujeres no tenían la inteligencia suficiente para poder ir más allá de la asistencia al parto eutócico, sabiendo que las matronas venían ejerciendo su profesión desde hacía más de 20 siglos. A pesar todo, este tratado fue uno de los primeros en explicar la anatomía y el funcionamiento del proceso reproductivo, con una perfección que seguramente muchos médicos desconocían. La descripción de las etapas del parto fue uno de sus puntos fuertes, señalando la utilidad de la correcta exploración clínica de la gestante.

Según Rubio, cuando se avisaba a la matrona para que acudiera a asistir un parto era «de todo punto necesario que infunda confianza a la parturiente [...] tranquilizando su espíritu y dándole esperanzas de que el parto tendrá una terminación feliz [...] hará que permanezcan solo en su estancia las personas que sean absolutamente precisas para la asistencia del parto, alejando a todas las extrañas», algo que en nada se parecía a la idea que se tenía en etapas anteriores. Se admitía que para parir la mujer podía recostarse en la cama o utilizar un sillón de partos y aconsejaba que no se rompiera la bolsa de las aguas y que en el momento del expulsivo se sostuviera bien el periné para «evitar la rasgadura de grande extensión». Después de lavar y abrigar al recién nacido, se le debía colocar en la cama sobre el brazo de su madre, en una posición que se asegurara que respiraba sin dificultad, pero en ningún momento se hablaba del llamado «contacto piel con piel», práctica que nunca se había ejercitado.

Una última función de la matrona sería la de bautizar provisionalmente al feto cuando tuviera sospecha de que iba a morir durante el parto o inmediatamente después, estando autorizada a aplicar el agua sacramental, templada, en la primera parte del feto que asomara por la vulva de la mujer, utilizando un vaso, una jeringuilla de inyecciones o algunos de los instrumentos metálicos diseñados para este fin.

A decir verdad, son muy escasos los datos con los que contamos, pues no se estaba en tiempos de estadísticas, y cuando un neonato fallecía había un refrán popular que decía «angelitos al cielo y trapitos al arca», pero es indudable que la mortalidad materna y fetal era elevada en algunos lugares y situaciones. El profesor Francisco de Cortejarena publicó un resumen clínico del curso escolar 1872-73 en la clínica de obstetricia de la Facultad de Medicina de Madrid en la que solo hubo 177 consultas por embarazo y/o parto. Y las tasas de mortalidad materna alcanzaban una cifra que en términos actuales sería de 28 muertes por cada 10 000 gestantes, mientras la neonatal se elevaba a 50,8/10 000 nacimientos. Estas cifras aproximativas muestran que los conocimientos teóricos y técnicos que se poseían no impedían que las mujeres expusieran sus vidas cuando concebían y que sus hijos tuvieran unas elevadas posibilidades de no alcanzar ni el período inmediato al parto. En los casos de que los infantes fueran depositados en una inclusa, la mortalidad diaria era de entre 3 y 5 neonatos, siendo este un capítulo negro de la beneficencia española que sería preferible no tener que recordar.

Por otro lado, la situación de precariedad en la que se atendían los partos no solo tenía que ver con la impericia de las matronas, sino también con la falta de formación del personal que las instruía y esto es un aspecto muy a tener en cuenta, porque habría que esperar hasta el primer tercio del siglo xx para que la clase médica mejorara su formación en clínicas especializadas, generalmente en Alemania. Había llegado el momento en el que el parto iba a dejar de ser un acontecimiento domiciliario para convertirse en un «caso clínico», en el que las mujeres perdieron parte de su voz y se replegaron a las exigencias de la ciencia, entrando en una dinámica que les impedía expresar sus sentimientos.

LA IRRUPCIÓN DE LAS NUEVAS TECNOLOGÍAS

Primero tenemos que hablar del descubrimiento y puesta a punto de los llamados análisis hormonales, y de las hormonas en sí, cosa no tan remota como puede parecer. Hasta los años setenta del siglo xx, el diagnóstico del embarazo se hacía con pruebas biológicas, inyectando orina a las ranas. Después, se introdujo una prueba comercializada que llevaba el nombre de Gravindex, siendo una de las primeras que sirvieron para el diagnóstico hormonal del embarazo utilizando también orina de la mujer. Para que arrojara resultados positivos, en caso de embarazo, se necesitaba que la falta de menstruación superara los quince días o más. En la actualidad se promocionan numerosas pruebas hormonales tan simples que las mujeres las pueden realizar en sus propios domicilios y en la más absoluta intimidad, a veces incluso antes de que falte la menstruación. Con esta práctica, en ocasiones se provocan grandes frustraciones, cuando después de haber tenido una prueba positiva finalmente comienza la menstruación. Cuando sucede esto, la afectada considera que ha tenido un aborto, aunque sabemos que, desde el punto de vista médico, solo se puede hablar de aborto después de haber constatado, por ecografía, que ya había un embarazo en el interior del útero.

Y para concluir esta otra historia de la obstetricia, no nos queda más remedio que adentrarnos en los avances técnicos y tecnológicos más relevantes del siglo XX. Entre ellos, pensamos que quizá el más notable es el de la introducción en la práctica obstétrica de lo que ahora se conoce con el nombre de «ecografía» y que no es sino el resultado obtenido tras la aplicación de unas ondas sónicas, que ni se ven ni se escuchan, llamadas ultrasonidos. Primero fueron aplicados durante la Segunda Guerra Mundial para detectar los submarinos, sirviéndose de la transmisión del sonido a través del medio líquido, por el llamado «efecto sonar». Después, la alemana Siemens los utilizó para aplicarlos en medicina, principalmente en la obstetricia, experimentando en el cuerpo de las mujeres embarazadas allá por los años setenta. El triunfo de esta tecnología, considerada ahora indispensable en cualquier proceso de embarazo que se precie, necesitó de la actividad previa del fotógrafo Lennart Nilsson (1922-2017), quien también es considerado un pionero en las técnicas de reproducción asistida, en colaboración con el fotógrafo Lars Hamberger (1939-2019), además de sus amigos médicos y obstetras. Nilsson fotografió durante doce años, y hasta 1965, con aparatos especialmente diseñados para él, los productos que eran expulsados del útero gestante tras un aborto espontáneo o provocado. Inicialmente, las técnicas fotográficas arrojaron unas imágenes en blanco y negro en las que se observaba la morfología de los embriones en diferentes edades gestacionales, procedentes de un gran número de mujeres, siempre obtenidas prescindiendo de su consentimiento.

Las imágenes difundidas por Nilsson tuvieron una gran repercusión mediática y fueron publicadas por diferentes semanarios de divulgación, entre ellos *Gaceta Ilustrada* en España, donde se muestra la cara más amable del proceso de embarazo, como si de un *continuum* se tratase. Este material fotográfico ha sido utilizado con fines muy diversos, sin explicar que todas las imágenes expuestas, a excepción de una, proceden de abortos. Sus imágenes también se iban a constituir en un sistema compacto de autoridad y reconocimiento entre agentes de distintos espacios profesionales y en soporte visual para la legislación y la autoridad médica, obviando decir que estaban muy retocadas, y tratando de dar una bella representación del embarazo y de la historia embrionaria; a pesar de que todas se habían tomado a embriones y fetos muertos. Tras tanta manipulación, cuando fueron recopiladas para ser publicadas, se sugería que había sido la cámara la que había seguido a un embrión, desde la fecundación del óvulo hasta el parto, presentando una maternidad que estaba siendo celebrada en la cama de un hospital, en la que una mujer tranquila, serena y maquillada acurrucaba a su criatura recién nacida, como si de una imaginería medieval se tratase.

No hemos podido pasar por alto hablar de dichas imágenes, porque sin ellas los resultados de las primeras ecografías obstétricas hubieran sido ininterpretables, fundamentalmente porque la tecnología de los aparatos estaba en mantillas, representaba los hallazgos figurados en un televisor muy básico, con pantalla en blanco y negro y con un intenso granulado, algo que nada tenía que ver con la realidad de lo realmente sucedía en el interior del útero.

El primer ecógrafo obstétrico que se introdujo en el mercado español, en los años setenta, se llamaba «Vidosón», del que se vendieron y utilizaron en toda Europa unas 3000 unidades. En 1980 dejó de fabricarse, siendo superado por tecnologías mejoradas. El primitivo aparato ocupaba tanto espacio que precisaba una habitación amplia donde poder mantenerlo junto a la camilla en la que se exploraba a las gestantes. La falta de imaginación era incompatible con la interpretación de los resultados, pues lo que se visionaba nada tenía que ver con las imágenes tan realistas que Nilsson había presentado al público. Lo que actualmente se conoce como «sonda», que no es otra cosa sino el lugar dónde se aloja el generador de las ondas ultrasónicas, era de gran tamaño y las mujeres solían comentar «que iban al hospital a que les pusieran la plancha», como si de una actividad doméstica se tratase, aunque ellas no contemplaban la pantalla y quedaban expuestas a la inexperiencia del observador.

Algunos autores han calificado a esta etapa como el paso al «feto público», porque el útero y su contenido pasaron de ser algo íntimo e invisible a convertirse en una parte más de la cultura tecnológica del embarazo. El perfeccionamiento y especialización en la técnica no sería cuestión de poco tiempo, sino que se necesitaron muchos años de entrenamiento, durante los que se fueron introduciendo nuevos avances técnicos en imagen y sonido, que iban a facilitar la interpretación de las fotografías. Estas pasaron de ser estáticas a estar dotadas de movimiento, e incluso a permitir la escucha de los latidos del corazón fetal, algo que hizo que no solo se mejorara el diagnóstico sino que las futuras madres, sus familias y amistades pudieran contemplar numerosas supuestas imágenes fetales obtenidas a lo largo del embarazo, sin pensar que al fin y al cabo están contemplando una reconstrucción técnica de lo recogido por una máquina, algo bastante alejado de la realidad de la vida intrauterina.

La conversión del feto en algo público ha seguido manteniéndose y progresando con el avance tecnológico, pues ahora sus representaciones, tan irreales como creíbles, se transmiten a través de los *smartphones* y otros dispositivos. Con todo esto se promovió una cultura de cuantas más veces se vean los fetos mejor y se comenzaron a invertir ingentes cantidades de dinero para obtener más de un diagnóstico, primero aplicando técnicas bidimensionales y después tri (3D) y cuatri dimensionales (4D). A pesar de todo, las mujeres gestantes no tenían la sensación de estar siendo utilizadas como un objeto de experimentación, convirtiéndose de nuevo en *mater dolorosa* si algo se desviaba de la normalidad, lo que no deja de ser una contribución no iconográfica a la vivencia de la maternidad en la postmodernidad.

En algunos países, donde el nacimiento de mujeres no era bien aceptado, los gobiernos prohibieron la aplicación de la ecografía al diagnóstico del sexo del feto. Nosotros tuvimos la oportunidad de comprobar, allá por el año 1994 que, en nuestras clínicas, hasta a los embriones en movimiento se les atribuían características de macho o de hembra, incluso antes de haber podido visualizar las estructuras que se podrían corresponder con los genitales. Fruto de esta experiencia, y mucho antes de que se pusieran de moda las teorías sobre el sexo biológico, hubo madres que deseaban llevar en sus úteros un feto que no tuviera genitales femeninos, porque la mayoría deseaban un varón, quizá para evitar «el castigo» del que ya se hablaba en La Biblia. Esto nos hizo reflexionar sobre la socialización que tendrían aquellos fetos cuyos genitales no se correspondían con las expectativas de sus progenitores y a preguntarnos sobre las repercusiones que esto tendría en el porvenir de los hijos y de las hijas cuyos genitales ya habían sido rechazados cuando «se hicieron públicos».

La imagen idílica de la mujer que permite, de forma inconsciente y pensando que todo es por su bien, que su feto se convierta en objeto público, junto con el parto en un medio hospitalario, rodeada de un número de personas desconocidas, a pesar de la violencia que puede entrañar, perdura en el tiempo y se ha convertido en un ideal que nadie se atreve a criticar. Pero la satisfacción y el bienestar de miles de mujeres recién alumbradas, o en proceso de alumbramiento, sometidas a numerosas intervenciones tecnológicas antes, durante y después de parir, también forma parte de lo que se han dado en llamar «violencia obstétrica», un término muy discutido por la pléyade de profesionales que a diario intervienen en la atención al embarazo y al parto.

EL PUERPERIO: DEL PASADO AL PRESENTE

Sería muy largo analizar cómo discurre todo el proceso de parto y de postparto, pero no queda más remedio que hablar de la recuperación de la mujer recién convertida en madre. Ya hemos comentado que en la imaginería disponible se nos muestra a las recién paridas alimentadas por sus acompañantes, quizá porque esos nutrientes no tenían solo una función material, sino que también entrañaban un contenido simbólico, con el que trataba de apoyar a quienes ya habían pasado a tener un nuevo ser a su lado, que no en sus brazos.

En el pasado, no muy lejano, la mujer era obligada a permanecer en cama, como mínimo, una semana después del parto, dependiendo de la estación del año en la que hubiera parido. Después, tendrían que esperar tres o más semanas para ser autorizadas a salir a la calle, dependiendo de cómo evolucionara su estado de salud. Tradicionalmente, y hasta no hace demasiado tiempo, en los primeros días del puerperio, en España, la primera salida del domicilio, después de un parto, era para ir a la iglesia a «purificarse», como hizo la Virgen María. Se trata de un extraño concepto que puede explicarse basándose en la exégesis bíblica, en la que se lee cómo se penalizaba a la recién parida en función de que hubiera alumbrado una hija o un hijo. Actualmente los ritos expiatorios están muy alejados de los sentimientos colectivos y las conductas a ellos vinculados y la mujer es dada de alta en un medio hospitalario para regresar a su domicilio, algo imposible de hacer sin antes salir a la calle.

Los grandes cambios que muchas mujeres experimentan después del parto, son achacados a los socorridos «cambios hormonales», lo que algunas llaman «un carrusel hormonal» en el que se sienten viajar a diario. Se trata de una explicación demasiado simple para abordar un problema más complejo. Las cantidades de progesterona que quedan en el organismo materno tras la salida de la placenta están destinadas a proporcionar tranquilidad y relajación, y la oxitocina, que es imprescindible para el establecimiento de la lactancia y es conocida como la hormona del bienestar, no son las guías del carrusel. Son las situaciones vividas antes, durante y después del embarazo las que provocan sentimientos de fragilidad y de necesidad de apoyo físico y emocional.

Las mujeres que dan a luz en la actualidad no suelen tener presente la iconografía religiosa, en las que la Virgen «se encontraba» con un recién nacido luminoso y recostado en un cojín, como podemos contemplar en un pequeño cuadro, obra de los primitivos flamencos que se conserva en la pinacoteca de la capilla real granadina. Ahora son mujeres que han vivido una gestación plena de sobresaltos, prohibiciones y preocupaciones, que han sido sometidas a numerosas intervenciones médicas —desde el diagnóstico del embarazo, pasando por pruebas genéticas para conocer si los cromosomas fetales están en su sitio y en forma de 46 pares, análisis de sangre, restricciones dietéticas, numerosas ecografías, voluntarias o prescritas— que han alumbrado en un lugar extraño, al que llegaron con la intención de estar protegidas de las amenazas que les revoloteaban en sus mentes, pero las consecuencias de tanto intervencionismo se manifestarán más tarde, desmintiendo la idea de estar sometidas a un imaginario dictado hormonal, lo que ensombrece la realidad.

No podemos saber lo que las nuevas técnicas aportarán en el futuro, aunque seguimos pensando que los beneficios reportados por sus interpretaciones, a veces, son más que dudosos para las mujeres gestantes.

Lo que no se cuenta ¿no cuenta?

Elena Lázaro Real

Quince años, un océano y una experiencia de vida radicalmente diferente separaban a Charles y a Antoinette el día que cruzaron su primera carta. Ella vivía en Nueva York; él en Londres. Él era un anciano con los 60 cumplidos; ella iniciaba su madurez después de haber criado a una prole de hijos. Él ya había escrito el libro de su vida; ella había encontrado por fin la serenidad y el tiempo para ordenar 20 años de estudio y publicar el suyo. Era noviembre de 1869; Estados Unidos se recuperaba de una cruenta guerra civil mientras Inglaterra vivía el desarrollo científico, tecnológico y social promovido por la Revolución Industrial y dominado por la moral victoriana.

En común tenían ser dos personas extremadamente ávidas de conocimiento y haber recibido una amplia formación religiosa dentro del unitarismo protestante ella; en el anglicanismo, él. Ambos cursaron estudios para ser ordenados pastores de la Iglesia; solo Antoinette lo consiguió, convirtiéndose en la primera mujer en lograrlo en Estados Unidos.

A estas alturas de la página imagino que ya habrá quien haya caído en la cuenta de que hablamos de Charles Darwin y Antoinette Brown, o lo que es lo mismo, del autor de una de las teorías científicas más revolucionarias de la Historia si nos ponemos kuhnianas y de la primera mujer que la cuestionó abiertamente. Pero vayamos por partes.

La primera (y única vez documentada) que Charles Darwin y Antoinette Brown cruzaron unas líneas fue cuando la americana envió a Londres una primera edición de su libro *Studies in General Science*, publicado por una de las editoriales neoyorquinas más importantes del momento. Lo hizo prácticamente nada más salir de imprenta, lo que ofrece una idea del respeto de Brown a Darwin. No podía esperar para enviarla.

El inglés respondió a aquel acercamiento con una escueta nota en la que agradecía el detalle de enviarle el libro y la deferencia de comentar algunas de sus obras menos conocidas por el gran público. No entraba en más detalles porque, según decía, apenas había tenido tiempo de hojearlo ya que lo había recibido el día anterior.

En defensa del ocupado Charles conviene aclarar que el libro de Antoinette Brown era un amplio tratado de más de trescientas páginas en el que la autora resumía dos décadas de observación y estudio de la naturaleza y la metafísica. Su ensayo, a medio camino entre la biología, la física y la teología natural, citaba varias de las obras de Darwin y cuestionaba algunas de sus premisas.

Brown defendía el mutualismo biológico como proceso adaptativo frente a la competencia entre especies y, aunque no rechazaba los planteamientos darwinistas, no tuvo mayor inconveniente en cuestionar su reduccionismo. Lo mismo hizo con las ideas de Herbert Spencer, padre del darwinismo social sobre el que con el paso del tiempo se sostendrían las ideologías más devastadoras del siglo XX. Pero, a pesar de la crítica que se intuye en *Studies in General Science*, lo cierto es que Antoinette Brown no escribió aquel libro para rebatir la Teoría de la Evolución. Al contrario; lo hizo para conciliar religión y ciencia y facilitar el acceso a las nuevas teorías a los jóvenes estudiantes de su iglesia.

En sus páginas, Antoinette Brown abordaba el concepto de las razas humanas desde una perspectiva diferente a lo que terminó por extraerse de la Teoría de la Evolución. Bajo el mismo paradigma de la diferencia humana que sostuvieron Charles Darwin y Herbert Spencer, Brown fue capaz de argumentar de manera radicalmente diferente para no caer en el supremacismo blanco occidental que sostuvo el sistema de valores colonialista, primero, y nazi, décadas después. Lo que escribe en el capítulo dedicado al progreso social sobre las personas africanas es revelador en este sentido:

«Posiblemente se pueda demostrar, en lo sucesivo, que de las cinco o seis razas típicas de hombres, cada una es tan única en rasgos mentales como físicos. Algunos de mis mejores amigos creen que el africano es el tipo humano más elevado de temperamento social y sensual. Por su largo sufrimiento, su paciencia, docilidad y capacidad de aprendizaje mientras estuvo en esclavitud, por su tolerancia, magnanimidad y coraje durante nuestra larga guerra, y por su aplomo desde que se convirtió en un hombre libre, ciertamente ha dado pruebas claras de una maravillosa susceptibilidad a algunas de las virtudes más sublimes. Su hilaridad, su amor por la música, su fervor religioso y su disfrute del calor tropical y la armonía de colores y contornos hacen al menos presumible que todavía pueda liderar una civilización de magnífica belleza artística, de buena camaradería social y de generosa fraternidad, como el mundo no ha conocido hasta ahora» (Brown, 1859: 330).

En definitiva, aquellos «Estudios de Ciencia General» de Antoinette Brown aceptaban como verdad los preceptos de la nueva biología, pero proponían una interpretación diferente. Brown no tenía intención de cuestionar a Darwin en aquel libro. En absoluto; eso lo dejaría para más adelante.

En 1875, tres años después de que Darwin publicara la sexta y definitiva edición de *El origen de las especies* y cuatro desde la publicación de *El origen del hombre,* en el que el inglés adaptara su teoría a la especie humana, Antoinette Brown publicó *Sexes throughout Nature.* Y eso sí fue una respuesta crítica y directa al darwinismo sexual. Para Brown, Darwin se equivoca cuando sostiene que los machos han evolucionado para ser superiores a las hembras en fuerza física y capacidad intelectual. Y erra porque no ha considerado adecuadamente las modificaciones equivalentes que han surgido en la línea femenina. Brown argumenta que los machos y las hembras de cada especie son equivalentes en términos de fuerza y capacidades, aunque no idénticos, y que la Evolución ha mantenido un equilibrio entre los sexos, criticando la presunta capacidad de la selección sexual para favorecer la superioridad masculina y, sobre todo, alentando a la comunidad científica, también a los evolucionistas, a cuestionar esos planteamientos.

Sobre la equivalencia entre los sexos, Brown es tajante: «los sexos deben ser comparados siempre en el mismo plano (...), ya que son iguales, aunque no idénticos» (Brown, 1875: 11). Para la neoyorquina, el error de Darwin radica en haber pasado por alto que la diferencia sexual ha seguido el mismo proceso de selección que todos los demás procesos biológicos, y lo excusa por «la exigente tarea que tenía por delante de determinar el origen de todas las especies y la descendencia del hombre, a través de todas las épocas».

No le faltaba razón a Antoinette. Tan ocupado estaba Charles en su tarea de naturalista revolucionario que al hojear el primer libro de Antoinette pensó que era un hombre, así que encabezó aquella primera carta escribiendo «Querido señor». Seguramente fue lo primero que pensó, producto del sesgo de un hombre de su tiempo. Si se hubiera detenido a leer el prefacio con algo más de atención se habría dado cuenta de que la autora era una mujer, que había logrado sacar adelante sus estudios de ciencia mientras trabajaba como predicadora y se ocupaba de criar a sus hijos. Ella misma lo explicaba en lo que seguramente sea uno de los alegatos más tempranos en favor de la conciliación familiar y laboral en la vida de las mujeres:

«Mis estudios se vieron obstaculizados por deberes que pocas mujeres realizan (trabajar); los posteriores se vieron impedidos (...) por deberes que ningún hombre jamás realizó: la crianza» (Brown, 1875: 7).

Los dos libros de Antoinette Brown fueron publicados y distribuidos por una de las editoriales más antiguas de Estados Unidos: Putnam & Sons. Sus obras contenían ideas y propuestas revolucionarias y sirvieron de base a la teorización del movimiento en favor de la abolición de la esclavitud, primero, y de los derechos civiles y de la libertad de las mujeres, después. Sus libros y su palabra —Brown fue una oradora popular en el Nueva York de finales del XIX— permitieron permear ideas nuevas y fortalecer uno de los movimientos políticos y filosóficos más importantes de la Historia Contemporánea: el feminismo.

La obra de Charles Darwin es considerada una de las obras más relevantes de la Historia de la Ciencia por cuanto permitió definitivamente desvincular ciencia y fe y crear una nueva manera de interpretar la vida en el planeta. El nacimiento de esta nueva manera de interpretar la realidad abrió también una puerta oscura a interpretaciones racistas y excluyentes.

La historia de Charles está tan lejos de la de Antoinette como la distancia que los separaba el día que cruzaron su primera carta; quizás solo había que contarlas juntas para acortar distancias.

UN ESPECTÁCULO NO HUMANO

Susana Escudero Martín

LA MUJER MÁS FEA DEL MUNDO

Damas y caballeros, el origen y linaje de la maravillosa criatura que van a ver están envueltos en la oscuridad. Poco tiene que ver con las características de la tribu a la que pertenece, los indios recolectores de raíces. De mayor porte, este híbrido maravilloso tiene un espeso pelo negro por todo el cuerpo a excepción de las palmas de manos y pies. Su enorme boca pronunciada hacia adelante tiene los labios muy grandes, y dobles encías. De buen carácter y sociable, habla español e inglés, además de cantar y bailar (y lavar, planchar, cocinar y coser... lo que aprendió al ser introducida en la civilización).

¿Su origen y linaje? Cuatro años antes de su nacimiento, Espinosa, una de las mujeres de la tribu mexicana recolectores de raíces, desapareció en 1830 y 6 años después fue encontrada en una cueva en Sierra Madre, con una niña de dos años cubierta de pelo a la que cuidaba con afecto, aunque dijo no ser su madre. También dijo que la había raptado una tribu enemiga y encerrado en una cueva. Sin embargo, a cientos de millas no había ni una sola persona, pero sí multitud de monos, babuinos y osos.

Algo bastante similar a esto es lo que decían los muchos panfletos que se publicaron en su momento para anunciar un espectáculo que recorrió medio mundo a mediados del siglo XIX y que tenía una única protagonista. Su nombre, Julia Pastrana. Una mujer mexicana nacida en 1834 que, en realidad, padecía una enfermedad rara: hipertricosis generalizada congénita con hiperplasia gingival, lo que le hacía tener pelo por todo el cuerpo y un pronunciadísimo prognatismo.

Hablaba tres lenguas, cantaba, bailaba, tocaba la guitarra y la armónica y hasta fue capaz de hacer acrobacias a caballo. Fue una de las mujeres más famosas de su tiempo (aunque no solo). El mismísimo Charles Darwin se interesó por ella y en 1868 la citó en su obra *Variaciones de los animales y las plantas bajo domesticación*. También apareció en novelas, como *Una terrible tentación* de Charles Reade en 1871 y el poeta Arthur Munby le dedicó en 1909 un estrafalario poema de 32 estrofas titulado «Pastrana». Pero no solo eso, ya en pleno siglo XX, en 1926, el historiador de circo alemán Alfred Lehmann hizo un programa de radio sobre Julia Pastrana y hasta hay una película de 1963 basada en su historia, *La donna scimmia*, de Marco Ferreri con guion de Rafael Azcona, que se estrenó la Navidad de 1968 en España con el título *Se acabó el negocio*. Incluso a principios de los años 2000 la guionista Claire Noto quiso hacer una nueva película sobre Julia, protagonizada por Richard Gere, que finalmente no llegó a cuajar. Su condición física la llevó por todo el mundo donde fue presentada en distintos espectáculos como «Ser semihumano», «La no-descrita», «La sin-nombre», «La mujer barbuda», «Dama babuina», «Mujer mono», «Mujer león», «La mujer oso», «India híbrida», «El híbrido maravilloso», «La dama extraordinaria», «La maravilla del mundo» y también, sobre todo, como «La mujer más fea del mundo». Ésta es su historia.

LA VIDA DE JULIA PASTRANA

Tras pasar los dos primeros años de su vida supuestamente separada de la civilización bajo los cuidados de esa mujer llamada Espinosa, ambas regresaron a la localidad natal de aquella india que bautizó, crio y quiso a Julia hasta su fallecimiento. La niña fue entonces trasladada al hospicio de la ciudad de Sinaloa, pero al saber de ella, el gobernador Pedro Sánchez la reclamó a la inclusa para que entrara a formar parte del servicio de su casa, donde también aprendió a leer y escribir. Al parecer, era frecuente que Julia se convirtiera en una pequeña atracción doméstica con la que se agasajaba a los visitantes ilustres de los Sánchez.

Pero con 20 años, Julia decide buscar una vida mejor y en 1854 toma camino de regreso al lugar de su tribu de origen. Quizá esta historia hubiera terminado aquí de no ser porque en ese trayecto de vuelta se cruzó en su vida un americano, el señor Rates, que al ver su apariencia le ofreció viajar con él a Estados Unidos para ganar dinero exhibiéndose. El 1 de diciembre de ese mismo año, por primera vez en su vida, Julia se subía a un escenario en el New York's Gothic Hall de Brodway, anunciada como el híbrido maravilloso y la mujer oso. Comenzó así la atracción por esta mujer, no solo por parte del público general, sino también por parte de los hombres de la ciencia y la medicina de la época.

La gente acudía en masa a ver lo que algunos hombres doctos del momento llegaron a calificar (hasta expidiendo certificados médicos que después eran incluidos como reclamo en los panfletos de los espectáculos) como un híbrido entre humano y orangután. A esa conclusión llegó el primer médico en examinar a Julia, el doctor Alexander B. Mott, que hasta afirmó que debería tener rabo pero que éste habría desaparecido debido a su parte humana, algo por lo que debería sentirse muy feliz. Concluía Mott afirmando que por todo ello era «uno de los seres más extraordinarios de nuestros días». No es que nuestro doctor hiciera una afirmación muy extravagante. En la época se aceptaba la existencia de híbridos entre humano y otras especies de primates. El imaginario pseudo científico, que se basaba en los relatos de los exploradores tomados de leyendas locales, admitía que en Sumatra y Borneo los orangutanes raptaban y poseían mujeres indígenas.

Tras su paso por Nueva York, Julia cambia de representante y ahora con J. W. Beach continúa gira por otras ciudades norteamericanas y canadienses. Allá donde iba se convertía en el foco de atención, y no solo durante los espectáculos. Estando en Baltimore fue invitada a un baile militar en donde fue presentada a todos los invitados que le estrecharon la mano e incluso algunos de los más amables caballeros del ejército —contaban las crónicas— bailaron con ella. Por supuesto, también continuaron los exámenes científicos. En Cleveland, el profesor S. Brainerd llegó a la conclusión de que se trataba nada más y nada menos que de una especie distinta a la humana.

El salto de Julia a la vieja Europa llegó tres años después de esta exitosa gira americana y tras un nuevo cambio de representante, en realidad, el hombre de su vida: Theodor Lent.

El tour europeo comenzó en 1857 en Londres. Los anuncios de los periódicos que puso Lent no escatimaban superlativos. Como temía que el público inglés, bien informado, no se creería que la tribu a la que pertenecía Julia tenía el mismo aspecto que ella tal como la publicitaba en Estados Unidos, dijo que era «un híbrido, en donde la naturaleza de la mujer predomina sobre la de orangután». Así, anunciada como la «no-descrita», un término muy usado para animales extraños y monstruos de ultramar, aparece ante el público londinense justo antes de que se publicara la teoría de la evolución, siendo considerada como el eslabón perdido entre el hombre y el reino animal.

Pastrana, sin pretenderlo, entró a formar parte del debate evolucionista en un mundo que todavía no pensaba en términos darwinianos. En la época victoriana, el folklore, la historia natural y las curiosidades científicas estaban muy entremezclados. Los científicos pre-evolucionistas, incluido el propio Darwin, estaban muy interesados en los seres deformes, los abortos, las monstruosidades, ya que creían que podrían ayudarles a comprender la naturaleza de las especies. Y la hipótesis del eslabón perdido, esa especie todavía no hallada a medio camino entre lo humano y lo animal, era recurrente cada vez que aparecían criaturas aptas de ocupar ese espacio. Que fue, precisamente, lo que ocurrió con Julia.

Durante seis meses, el espectáculo fue un gran éxito de público en Londres. Quizá podamos hacernos una idea del interés que suscitó teniendo en cuenta que entrar en la Regent Gallery para ver a Julia costaba 3 chelines, cuando entonces el sueldo semanal de un trabajador era de 6 chelines.

Tal como ocurrió durante su gira americana, también en Londres Julia se convirtió en un gran atractivo para los hombres de ciencia (con más medios que la clase trabajadora pero que también tuvieron que pagar al señor Lent por hacer exámenes científicos al «híbrido prodigioso»). Un buen número de doctores pasaron por su estancia, siempre con el atento representante presente durante los reconocimientos. Entre ellos estuvieron Frederick Treves, el médico que se encargó de Joseph Merrick, el Hombre Elefante, o el entonces famoso naturalista Francis Buckland, que fue quien suscitó el interés de *The Lancet* y propició que el doctor John Zachariah Laurence escribiera para la prestigiosa revista médica un artículo en el que también se incluyeron fotografías de Julia. De hecho, el propio Buckland la examinó y en su caso concluyó que pese a sus horribles facciones, su figura era grácil con pies pequeños y tobillos finos.

A finales de 1857, Julia y el señor Lent llegan a Berlín donde de nuevo cosechan un gran éxito de público pero donde también empiezan los problemas, ya que las autoridades locales quieren suspender este tipo de espectáculos. Pero Lent, siempre alerta, presenta el espectáculo como un compendio de danza y canto y consigue mantenerlo en pie.

Su siguiente escala era Leipzig, una ciudad para la que tenían preparada una obra de teatro escrita exprofeso para Pastrana, *Der Curierte Meyer* (*El lechero curado*). En ella, un lechero se enamoraba de una mujer a la que no podía ver la cara, tapada con un velo, a la que veía cantar y bailar grácilmente. Cuando el lechero enamorado salía de escena, Julia se quitaba el velo. El Teatro Kroll de Leipzig solo pudo acoger la representación dos veces ya que, a la segunda sesión, quedó suspendida. Agentes de la policía asistieron de incógnito a la función y decretaron que era inmoral y obscena, lo que supuso que se cayera del cartel. Algunos obstetras llegaron a decir que si las mujeres embarazadas veían algo así, abortarían o —aún peor— tendrían hijos iguales a ella por la tremenda impresión causada.

Esto no paró a Julia, ni mucho menos a Lent, y la gira continuó por Viena para después volver a Alemania y, en una nueva vuelta de tuerca, ella entró a formar parte de un espectáculo en el que hacía acrobacias a caballo, cantaba, bailaba y tocaba la guitarra y la armónica. También viajaron a Polonia, con el mismo éxito de siempre, aunque aquí el show fue considerado —de nuevo— un tanto obsceno.

Durante este recorrido lleno de éxitos, Julia contrae matrimonio. No, no se trataba de un caballero europeo impresionado por sus muchas virtudes sino de su propio representante. El interés causado por el espectáculo era tal que muchos otros empresarios se interesaron por

Pastrana. Así que Lent decidió sellar su relación con su patrocinada más allá del contrato de empleada-empleador, con el de marido-mujer.

También de este tiempo de estancia por el viejo continente nos queda un interesante legado documental en el que poder seguir rastreando un poco más cómo era Julia. Por un lado, una larga entrevista publicada en la revista semanal *Gartenlaube*, la única que dio Pastrana en toda su vida (o al menos la única de la que tenemos constancia), en la que el periodista quedó muy impresionado por la humanidad y educación de la artista, que le contó que era feliz y que durante su gira en Estados Unidos había recibido hasta 20 proposiciones de matrimonio que había rechazado porque no eran hombres suficientemente ricos. Y, por otro lado, de nuevo, por supuesto, más médicos que no pudieron resistirse a examinarla y publicar sus conclusiones.

A finales de 1859, algo raro le pasa a Julia: estando en Moscú, con otro gran éxito, se queda embarazada. El 20 de marzo de 1860, con un gran número de prestigiosos ginecólogos atendiendo el parto, da a luz un varón con su misma enfermedad que fallece a las 35 horas. A los cinco días, Julia muere también.

Pero esto no es el fin...

LA MOMIA

Como en esta historia no falta de nada, tenemos hasta un científico ruso con un secreto: el profesor Sukolov de la Universidad de Moscú, que compra al «afligido» marido los cuerpos de ambos para embalsamarlos mediante un procedimiento secreto de su invención. Seis meses tardó en el caso de Julia pero tan bueno fue el resultado, especialmente en el cuerpo del niño, que este doctor decidió guardarse el secreto para sí mismo y no publicar los pormenores de su trabajo, como había acordado con el editor de *The Lancet*. Sukolov expuso su obra, las momias, en el Instituto Anatómico de la Universidad de Moscú y de nuevo se convirtieron en una exitosa atracción. Así que, al enterarse, Lent entró otra vez en juego y tras una disputa con el profesor, consiguió hacerse de nuevo con los cuerpos embalsamados. Unas versiones dicen que ganó un proceso judicial alegando motivos familiares. Otras, que compró los cuerpos a Sukolov por el equivalente a 800 libras (cuando previamente los había vendido por 500).

Y si Julia vio mucho mundo en vida, mucho más vio su momia junto la de su bebé. Lent intentó exhibirlas en Moscú, pero ante la negativa de las autoridades, las momias volvieron en febrero de 1862 con tanto éxito como en vida a Londres, donde ahora también se sumaron a la curiosidad los amantes de la taxidermia. *The Lancet* vuelve a hacerse eco del evento y dice en su editorial: «los interesados en los métodos de conservación de los muertos harán bien en examinar el resultado de este curioso, complejo y exitoso sistema» (1862).

De Londres saltaron a otras ciudades europeas y a su paso por Alemania, en la pequeña ciudad de Karlsbad, el viudo empresario oye hablar de Marie Bartel, una mujer con barba a la que los padres no dejaban traspasar los límites de su jardín... Demasiado atractivo para dejarlo pasar: Lent se las apaña para verla, para pedirle al padre su mano y para acabar convenciéndole del casamiento bajo la condición de no convertirla en un espectáculo público. Como es fácil imaginar, no cumplió su promesa. Lo que hizo fue quitarle a su nueva esposa las herramientas con las que se afeitaba, añadirla a la exposición de las momias y cambiarle el nombre por el de Zenora Pastrana, haciéndola pasar por la hermana de Julia. Incluso en ocasiones hizo correr el rumor de que era en realidad la mismísima Julia. Más de 10 años estuvieron girando con éxito y hasta llegaron a realizar pases privados ante familias reales. Lent amasó una gran fortuna gracias a sus dos esposas.

Pero en 1884, asentados en San Petersburgo donde habían comprado un museo de cera, Lent enferma de «fuerte debilidad del cerebro». O lo que es lo mismo, se volvió loco... tanto que el empresario siempre ávido de ganancias bailaba por las calles, lanzando billetes al aire. Zenora lo metió en un manicomio, donde falleció al poco. Después, la viuda acabó vendiendo las momias y marchándose a Zurich, y parece que no le fue mal. Con su fortuna, volvió a afeitarse y contraer matrimonio con un hombre bastante más joven que ella. Bien por Zenora.

Tras la venta, los cuerpos embalsamados de Julia y su bebé siguieron viajando por Europa en circos ambulantes y otros espacios, cambiando de manos hasta que en 1921 son adquiridos por los Lund, una familia de feriantes noruegos, para incluirlos en su Cámara de los Horrores.

Como en esta historia no falta de nada, también aparecen los nazis. A principios de 1943, el consejero de salud de la Alemania nazi, Müller, de visita a Oslo, ordena retirar algunas piezas de la Cámara de los Horrores, entre ellas las momias de Julia y el niño, pero el dueño (entonces Lund hijo) le convence para que el *show* continúe con la promesa de que los beneficios serían para el tesoro del Tercer Reich. Y en tres caravanas se fueron de gira con, entre otras momias, la de nuestra protagonista que ahora se llamaba «la mujer mono».

En 1969 Julia Pastrana vuelve, más de 100 años después, a los titulares de los periódicos. Y lo hace cuando Roy Hofheinz, «Juez» Hofheinz, un popular político y coleccionista de curiosidades americano, se interesa en comprar las momias. El dueño (ahora Lund nieto) empieza con él un regateo que fue seguido por los lectores con gran entusiasmo, pero cuando el precio había subido sustancialmente y se acercaba el momento de la venta, Hofheinz falleció repentinamente de un ictus.

A grandes males, grandes remedios: los Lund aprovecharon la nueva publicidad para emprender en 1970 otra nueva gira de las momias por Suecia y Noruega, que incluso tuvo parada en los Estados Unidos. En este tour, igual que había ocurrido en los panfletos de Londres de 1857, se anunciaba a Julia Pastrana como un híbrido entre hombre y simio. Fueron 3 años de nuevos éxitos a ambos lados del Atlántico que acabaron cuando las autoridades prohibieron el espectáculo y las momias volvieron a un almacén en las afueras de Oslo.

Allí sufrieron dos asaltos, que echaron a perder la momia del niño (acabó comida por los ratones). En el segundo robo, se llevaron el cuerpo de Julia. Durante años no se supo nada más de ella. El más absoluto silencio hasta que en 1990 una revista noruega de detectives reveló que la momia se encontraba en el Instituto de Medicina Forense del Hospital Universitario de Oslo. Al parecer, tras el último asalto la policía encontró cerca del almacén de los Lund la momia de Pastrana y la llevó directamente a la Universidad. Lo curioso es que no se lo comunicó al dueño. La momia estaba muy estropeada, desnuda, con un brazo roto, aunque a buen recaudo en la institución académica.

Pero esto no es el fin...

LA REPATRIACIÓN

En 2003, la artista mexicana transdisciplinar Laura Anderson Barbata conoce la historia de Julia Pastrana en una obra teatral en Nueva York. Comenzó así su lucha por recuperar el cuerpo y retornarlo a México para su entierro.

Y si en vida Julia Pastrana formó parte del debate científico más importante de su momento, la Evolución Humana, en muerte se vuelve a convertir en paradigma de otro amplio debate, éste todavía abierto: el de la repatriación.

Durante una década, Laura Anderson pleiteó con la Universidad de Oslo para que el cuerpo fuera repatriado a México. La institución académica alegaba motivos científicos para preservar el cuerpo dentro de su Colección Scheneider, sin embargo, Barbata pudo comprobar que desde su llegada a la Universidad, nunca se había hecho ningún estudio, nunca se había tomado muestra alguna y tampoco había ninguna petición de investigación. Tras un complejo proceso de consultas con científicos, antropólogos forenses, defensores de los derechos humanos, activistas y periodistas, Barbata presentó peticiones a los gobiernos de México y de Noruega para repatriar el cuerpo de Pastrana a su país natal y finalmente, en 2012, un panel científico-ético de expertos dio el visto bueno. Un año después, el 12 de febrero de 2013, Julia fue enterrada con todos los honores en su Sinaloa natal. El cuerpo embalsamado fue colocado en un ataúd de zinc (los que se usan para preservar cuerpos momificados) pero enterrado bajo una capa de cemento de más de 1 metro para que nunca más pueda ser recuperado.

Y esto sí es el fin.

EXÓTICOS HUMANOS TRAÍDOS DE ULTRAMAR

Septiembre de 1880. Una goleta, llamada «Eisbär», oso polar en alemán, entra por la desembocadura del río Elba después de un largo viaje con destino a Hamburgo. Todo va bien hasta que de repente, cuando menos lo esperan, se levanta un violento vendaval que arrastra al barco hacia el norte, llevándolo a aguas poco profundas y acercándolo peligrosamente a la orilla con el consiguiente riesgo de encallar. La tripulación teme lo peor cuando de repente, entre el sonido atronador del viento comienzan a escucharse unos extraños gritos. Son los de uno de los más curiosos pasajeros de la embarcación. Situado en proa, lanza un aullido tras otro, gesticulando con sus brazos. Los marineros creen que ha perdido el juicio. El jefe de la expedición, un marinero noruego, coleccionista y comerciante de material etnográfico y humanos, da por perdida la salud mental de este inuit[2] cuyos gritos pelean con el sonido de la tormenta. En ese momento aparece en cubierta su compañera para decir a la tripulación que lo dejen en paz; que está haciendo su magia; magia para los vientos buenos. Y al mismo tiempo la mujer se suma en un segundo plano haciendo los más maravillosos movimientos con sus brazos. Después de aullar sus fórmulas mágicas, el inuit se retira a su camarote prometiendo que pronto tendrían «vientos buenos». Unas pocas horas después, llegaron esos vientos buenos y Terrianiak, conocido como el mayor mago de su tierra, insistió en que había sido él quien lo había conseguido. El jefe de la expedición, llamado Adrian Jacobsen, se alegró de que el inuit no se hubiera vuelto loco. Los marineros desde ese momento se convencieron de que era un hechicero, porque había cambiado el viento de sudoeste a norte. Pero ¿cómo ha llegado este extraño grupo de personas hasta aquí? La historia empezó semanas antes.

---

2   Inuits es el modo en que estos grupos se denominan a sí mismos y significa, «el pueblo, la gente». Esquimales era como se les denominaba hasta hace muy poco, si bien el término ha caído en desuso por su connotación peyorativa. Esquimal significa «el que come carne cruda».

UN LARGO VERANO

Desde comienzos de ese verano de 1880, Adrian Jacobsen había estado viajando por toda la costa oeste de Groenlandia y Cumberland buscando las entonces llamadas personas «exóticas», grupos étnicos que todavía practicaban sus costumbres y culturas tradicionales por tierra y por mar. Era un encargo de uno de los empresarios europeos del mundo del espectáculo más importantes de ese momento, el alemán Carl Hagenbeck, que quería montar con ellos un *show* en Europa que los mostrara como ejemplos de la supervivencia de técnicas «primitivas» de los cazadores recolectores en tierras y mar árticos.

El viaje estaba siendo horrible, con viento y mar revuelto. Cuando llegó a Groenlandia las autoridades danesas le negaron el permiso de llevarse a ningún nativo, ni siquiera para sus propósitos científicos y etnográficos. Lo máximo que consiguió en esta primera parada fueron dos kayaks y unos perros enfermuchos, que tomó con la esperanza de encontrar inuits en otro lugar para llevárselos a Alemania.

Después de Groenlandia puso rumbo a Cumberland, en el Ártico Canadiense, pero no pudo llegar por el hielo y la espesa niebla noche y día. Cuando el 8 de agosto de 1880 el Eisbär entró en el puerto de Hebrón, en Labrador, ya estaba desesperado. Hebrón era entonces una estación de los misioneros de la Hermandad de Moravia. Tras tanta penuria, Jacobsen estaba frustrado y deseoso de por fin tener suerte. La situación pintaba bien ya que en el asentamiento había una comunidad inuit que ya había sido educada y cristianizada por los religiosos de la iglesia morava. Pero los misioneros alemanes, la mar de educados y amistosos, se negaron en redondo a que el marinero se llevara a nadie con él, y menos para ser exhibido en Europa y quedar a merced de los peligros espirituales del extranjero.

Pero Jacobsen, como buen comerciante, sí consiguió contratar a un inuit de 35 años, llamado Abraham Ulrikab, que hablaba alemán y algo de inglés, para que le acompañara y sirviera de intérprete en su viaje de búsqueda de humanos exóticos.

Once días después llegaron juntos a un pueblo al Norte de la bahía de Hudson, Nakvak, donde sabían que había un pequeño asentamiento de esquimales «salvajes» (esto, en aquel momento, significaba que todavía no habían sido cristianizados). Pero la mala suerte parecía abrazar al aventurero noruego aquel verano, porque cuando llegaron al poblado la mayoría de sus habitantes estaban tierra adentro para cazar caribús y allí solo quedaban unos pocos, los más ancianos y los niños. Pero no estaba todo perdido. Con las dotes de persuasión de Abraham, se las apañaron para contratar a una importante familia que sí estaba en el poblado: la del chamán Terrianiak, de cerca de 40 años; su mujer y compañera chamana, Paingo, cuya edad estaba entre los 30 y 50 años; y la hija adolescente de ambos, Noggasak.

Después de este fichaje, el propio Abraham se dejó convencer para unirse sorpresivamente al grupo en su viaje a Europa. Abraham no era uno más en la comunidad. Era un hombre muy apreciado por los misioneros por su inteligencia, su contribución como violinista en la iglesia, su caligrafía, sus habilidades para los idiomas y el dibujo y, por supuesto, su enorme calidad humana. Jamás hubiera llevado la contraria a los religiosos, pero Abraham tenía con ellos una deuda que ascendía a 10 libras y se negaba a aceptar la caridad. Necesitaba el dinero y le hacía ilusión encontrarse en Europa con miembros de la iglesia morava que habían vivido en Hebrón. Así que, de regreso a casa, ignorando las protestas de los misioneros, Abraham, su mujer Ulrike de 24 años y sus hijas Sara, de 4 años, y María, de tan solo 9 meses, además del sobrino de Ulrike, Tobías, de 21 años, se unieron a la expedición.

El 26 de agosto de 1880, por fin, el Eisbär partía de Hebron a Hamburgo con un precioso botín a bordo: los ocho inuits y muchos objetos que Jacobsen había recopilado. Como no había ningún médico en Labrador, el capitán pospuso la vacunación de los ocho para su llegada a Alemania.

El viaje en el mar debió de ser largo (al menos para los inuits ya que todos se mareaban terriblemente en el barco) y desde luego, fue curioso. Estas dos familias no se veían con buenos ojos. Unos eran devotos cristianos, que rezaban a diario y ponían sus vidas en manos de Dios. Otros, paganos que creían en la naturaleza y continuaban practicando rituales mágicos.

Finalmente, casi un mes después, el 24 de septiembre la expedición entraba en Hamburgo. Y a modo de colofón de aquel verano de mala suerte, justo a su llegada, Jacobsen tiene que ser hospitalizado y permanecer ingresado durante semanas. Y esto significó que al no ocuparse personalmente de ello, nadie recordara vacunar a los inuits. Tremendo error.

UN FRÍO INVIERNO

Con su llegada a Hamburgo, comienza el espectáculo. Las dos familias fueron la atracción principal del zoológico de Hagenbeck, donde hicieron demostraciones de sus habilidades con el arpón, conduciendo trineos tirados por perros y remando con kayaks.

Pero no solo trabajaban en el zoo, vivieron allí. En el interior del recinto levantaron (de hecho, lo hicieron ellos mismos) una especie de chozas que imitaban las de su lugar de origen. Unas chozas, eso sí, colocadas a una distancia considerable para que las dos familias vivieran separadas. Los misioneros le habían pedido a Jacobsen que los mantuviera así para que los cristianos no se contaminaran del paganismo de los otros. A Jacobsen esto le pareció de maravilla porque de contaminarse el grupo «educado», no respondería a las expectativas de los antropólogos ni tampoco del público general, que esperaba de los cristianos un comportamiento superior al de los paganos.

Tras algo más de una semana de éxito en el zoo de Hamburgo, el 2 de octubre, toman destino a Berlín en el tren nocturno. Era la primera vez que lo hacían y si el barco fue para ellos una tortura, el tren les alucinó: les maravilló aquel larguísimo convoy con multitud de vagones, su velocidad, aquel sonido constante como si fuera el del corazón de la máquina... no querían cerrar las ventanas, intentando mirar al exterior, pese a que el viento les impedía abrir los ojos. Casi no durmieron en toda la noche disfrutando del viaje.

En Berlín, de nuevo, su destino (de trabajo y de «hogar») fue el zoo de la ciudad, donde fueron exhibidos hasta el 14 de noviembre. Solo el día del estreno había 7000 personas para ver sus demostraciones de habilidades, cautivando al público especialmente con la caza de focas (focas traídas para estas demostraciones que no dejaban de ser una mera parodia de una cacería real).

El invierno vino inusualmente pronto y los inuits empezaron a padecer por el frío húmedo de Berlín. Congestión, dolor de cabeza... prácticamente todos se resfriaron. Pero no era el frío lo único que les molestaba. También lo hacían los visitantes a la exposición, que se metían en sus chozas en ocasiones echándolas abajo, les gritaban para que hicieran demostraciones y eran, por decirlo suavemente, muy poco educados con los inuits. Tampoco les gustaba la comida. Odiaban el pan seco que se comía en Europa y solo disfrutaban del menú cuando incluía pescado, lo que se procuraba que ocurriera. Pero lo que menos les gustaba de todo era estar fuera de su hogar. Todos ellos sintieron nostalgia rápidamente.

No todo eran disgustos ni trabajo ni europeos comportándose como estúpidos maleducados. En Berlín la familia de Abraham Ulrikab recibió las ansiadas visitas de sus conocidos de la iglesia morava y hasta pudieron ver el Museo de Cera, que les dejó impresionados con esas figuras tan reales que casi parecía que respiraban.

Durante la estancia en Berlín es cuando Jacobsen, que ya se había recuperado, vuelve a unirse al grupo. Pero no recordó la tarea médica que tenía pendiente con los inuits desde la llegada a Europa. Y tampoco entonces fueron vacunados.

Sí fueron vistos en esta ciudad por un médico, pero por razón bien distinta. Y no uno cualquiera: fueron examinados por uno de los médicos más prestigiosos del momento: el doctor Rudolf Virchow, entonces presidente de la Sociedad Etnológica de Berlín, que intentó establecer su «identidad racial», realizar una «aproximación científica» a su herencia y estatus cultural, concluyendo que «estaban al nivel de las razas más bajas de todo el mundo». De hecho, al mes siguiente dio una charla sobre su estudio y más tarde escribiría una publicación científica sobre ellos.

La estancia de los inuits en Berlín fue todo un acontecimiento no solo científico, sino también social. Como decíamos, la repercusión en la sociedad berlinesa del momento fue enorme. Tanto, que incluso se convirtieron en el reclamo publicitario de los grandes almacenes Goldene 110 de Berlín, que publicaron anuncios en los periódicos como estos:

«Corred, berlineses, grandes y pequeños, al jardín zoológico, donde os esperan auténticos esquimales, embadurnados con aceite de pescado. Son gente amable y amigable, todos con sus cabezas despeinadas. Pero como el hombre, la mujer y el pequeño todavía caminan vestidos con sus pieles de caribú, el Goldene 110 ofrece la siguiente selección: (...)».

«El Señor Abraham y la Señora Ulrike, los esquimales de Labrador, se sienten muy raros ¡con sus pieles y sus lanzas aquí en Berlín! Ulrike le ha dicho a su esposo: tu abrigo de piel de foca está pasado de moda, el mandil te sienta fatal, ¡me gustaría verte como un dandy! Y Abraham, galantemente, fue a Goldene 110 rápidamente, y gritó ‹*Ei jong gni*› al ver los precios tirados por la borda, y llenó su bolsa de: (...)».

Ambos anuncios acababan con una lista de precios de ropa de la tienda.

En el mes que estuvieron en Berlín, 16 000 personas pasaron por el zoo para ver su espectáculo.

Tras la que fue la parada más larga de la gira, ésta continuó por otros zoológicos en donde seguían siendo exhibidos y alojados. El 15 de noviembre llegaron a Praga y el 30 de ese mismo mes, a Frankfurt. De ahí partieron el 12 de diciembre a la vecina ciudad de Darmstadt, un desplazamiento que de nuevo sorprendió a los inuits. Según sus propias palabras, habían viajado en «un trineo con ruedas tirado por caballos».

Estando en Darmstadt, el 14 de diciembre algo terrible ocurre: la muerte repentina de Noggasak, la hija adolescente de la familia pagana. Los médicos dijeron que había fallecido a consecuencia de una «repentina úlcera de estómago». No fueron capaces de identificar los síntomas de lo que realmente le había matado: la viruela.

Dos días después es enterrada y al día siguiente el grupo continúa viaje para intentar cumplir al menos con algunos de los compromisos agendados. El 17 de diciembre, llegan a la ciudad de Krefeld, cerca de la frontera holandesa.

La semana de Navidad estaba siendo lluviosa y muy triste tras la muerte de la joven, así que Hagenbeck, el empresario, intentó alegrar a sus inuits con una fiesta de Nochebuena. Alquiló un salón que adornó para ellos. Hubo un gran árbol de Navidad y también regalos... que consistieron en ropa interior para todos, un violín para Abraham y una guitarra para Terrianiak. También les regalaron las fotos que les habían hecho durante su estancia en el zoo de Praga.

La fiesta alegró el ánimo de los inuits. Fue su último buen momento feliz. El día de Navidad, Paingo, la chamana, enferma con los mismos síntomas de su hija. Llamaron rápidamente a un médico, que demostró tener el mismo ojo clínico que sus compañeros anteriores, ya que diagnosticó que solo era un caso de reumatismo y no tenían que preocuparse. Al día siguiente es la pequeña Sara, la hija de 4 años de Abraham, quien cae enferma con escalofríos y vómitos. Un día después, Paingo muere. Era 27 de diciembre. Diez minutos antes de su fallecimiento, el médico la había visitado de nuevo asegurando que no era nada grave. Así lo dejó registrado Jacobsen en su diario, donde cuenta el fallecimiento de aquella extraordinaria mujer y cómo le fue entregado su cráneo después de que le practicaran la autopsia.

Con un Jacobsen atónito y el resto del grupo desolado, la expedición continúa viaje hacia la siguiente ciudad que esperaba el espectáculo, París, el que se convirtió en realidad en el último puerto de este viaje. El 31 de diciembre, Sara, la pequeña de 4 años muere. Al día siguiente, el 1 de enero de 1881, Jacobsen lleva a todos los supervivientes para que les vacunen de la viruela. Pero ya era demasiado tarde. El 7 de enero muere María, la bebé. El 9 de enero son Tobías, el sobrino de Abraham, y el aguerrido chamán,

Terrianak, quienes fallecen. Cuatro días después, el 13 de enero, muere el bueno de Abraham. Seis días después, su mujer Ulrike.

Todos ellos murieron en el Hospital de San Louis donde también fue ingresado Jacobsen, de nuevo con fiebre. Un Jacobsen devastado, que en su diario se preguntaba si había hecho bien sacando a estas gentes de su hogar.

Pero Jacobsen no era el único que llevaba un diario.

Quizá esto no te lo esperabas pero también Abraham escribió un diario durante su viaje.

EL DIARIO

A su muerte, el diario de Abraham fue enviado a los misioneros de Hebrón y uno de ellos se encargó de traducirlo de la lengua en la que Abraham lo había escrito, la suya propia, al alemán. Durante el siglo xix este diario traducido al alemán y también al inglés y francés fue publicado por la iglesia morava y repartido por las misiones que tenía en distintos países. Pero después, como tantas veces ocurre, la historia de Abraham y los suyos cayó en el olvido durante más de un siglo.

Lo bueno que tienen los libros es su tendencia a la resistencia. En 1980 un etnólogo dio con una copia del diario en alemán entre los archivos de la iglesia morava en Pensilvania y publicó un año después su historia en el *Canadian Geographic.*

Pero tenemos que esperar otro cuarto de siglo para que el diario vuelva a salir a la luz. En 2005, un profesor de estudios americanos y canadienses de una universidad alemana realiza un bellísimo trabajo de recuperación y traducción con sus estudiantes que culmina con una nueva publicación del diario de Abraham Ulrikab.

Y este diario cae 4 años después, en 2009, en manos de una franco-canadiense apasionada por las zonas polares, France Rivet, durante un crucero a Hebrón. La historia la fascinó hasta tal punto que se embarcó en una investigación personal para averiguar qué fue de los restos de los inuits. Y tras algo más de 5 años, consiguió localizarlos. Los restos de los miembros del grupo que fallecieron en París formaban parte de las colecciones de antropología física del Museo del Hombre. El de Sara, se encontraba en Berlín.

Pero France Rivet no consideró que el trabajo ya había terminado. Una vez localizados los restos, comenzó el proceso de repatriación. El Museo accedió a ello y después los gobiernos de Francia y Canadá firmaron un acuerdo de colaboración para hacerlo posible. Fue en 2015. Desde entonces, con todos los trámites legales ya aprobados, la actual comunidad inuit de Labrador tiene abierto un proceso de consulta popular para decidir cómo va a ser su política de repatriación. Cuando se apruebe, significará su definitiva vuelta a casa.

ZOOS HUMANOS

8 de septiembre de 1906. El Zoológico del Bronx estrena una nueva atracción. Una placa colocada frente a la jaula recoge todos los detalles sobre el valioso ejemplar que se muestra al otro lado de los barrotes, en el interior de la «Casa de los Monos». Tanto el director del zoo, William Hornaday, como algunos colegas suyos, todos destacados naturalistas americanos, lo consideran un espectáculo adecuado no solo para entretener a la ciudadanía sino para educarla en la ciencia. Natural de África, había llegado a Nueva York siguiendo las indicaciones del enton-

ces director del Museo Americano de Historia Natural, Hermon Bumpus, para ser exhibido junto a un orangután. Ese valioso ejemplar tenía nombre. Era Ota Benga. Era un pigmeo de la etnia Batwa que había llegado a Estados Unidos de la mano del misionero y doctor Samuel Philips Verner para formar parte de la Exposición mundial de San Luis de 1904 y que al finalizar ésta, después de algunas exhibiciones por distintas ciudades norteamericanas, recaló en el zoológico neoyorkino, recluido en el interior de una jaula en la que realizaba demostraciones de tiro con arco para los visitantes.

Ota Benga, Abraham Ulrikab o Julia Pastrana son solo tres de los nombres de una larguísima lista de personas que formaron parte de una realidad que ahora puede parecer una locura pero que fue algo completamente normal (y popular) de mediados del siglo xix hasta mediados del xx: los espectáculos consistentes en la exhibición de personas.

Todos estaban interesados en ellos y todos fueron responsables de su existencia: una nueva burguesía que empezaba a saborear las mieles del consumismo y se dejaba embelesar ante el descubrimiento de las curiosidades de otras partes del planeta; unos empresarios que obtenían jugosos beneficios con estos *shows*; unos gobiernos que mostraban su potencia colonial y su superioridad como metrópoli; unas iglesias que exhibían el carácter redentor de sus misiones; y unos científicos que veían en este tipo de muestras una oportunidad de observación directa de otras razas cuyas teorías mostraban, y estos espectáculos confirmaban, como especies inferiores en un grado anterior de evolución (con respecto, por supuesto, al varón caucásico).

En plena era colonialista, era éste el momento de las grandes exposiciones nacidas para mostrar el desarrollo tecnológico ligado a la Revolución Industrial, que después dieron lugar a las exposiciones universales y éstas a las coloniales. Oficiales o privadas, nacionales o internacionales, casi siempre incluían indígenas.

¿Y cómo eran estos espectáculos? Veámoslo a través de un ejemplo, un caso concreto que se generalizó para todos. En 1877, un espacio científico como el Jardín Zoológico de Aclimatación de París fue transformado en un jardín de aclimatación antropológico, es decir, en un auténtico zoológico humano en el que fueron exhibidos grupos de distintas etnias. Con una pátina de ciencia, se reproducían a la intemperie los poblados y cabañas en las que vivían para mostrarlos tal cual, como si estuvieran en su hábitat natural. No faltaban los bailes, cantos, gritos, demostraciones de caza o sacrificios con sangre de animales para darle lo que esperaba a un público que siempre quería más.

Se calcula que en torno a 1400 millones de visitantes pasaron por este tipo de espectáculos y que unas 35 000 personas fueron expuestas: hombres y mujeres de todas las edades y también niños, que podían haber sido traídos de sus lugares de origen o incluso haber nacido en el interior de las propias exposiciones. A los científicos, en este momento del nacimiento y desarrollo de dos importantes disciplinas, la antropología física y la etnología, tener especímenes de seres humanos a mano les permitió realizar clasificaciones y teorías raciales (y racistas) inspiradas en la clasificación de animales y pasadas por el filtro de la reciente Teoría de la Evolución.

Con estas cifras, es fácil imaginarse lo frecuentes, numerosos y variados que fueron estos espectáculos: *freak shows*, museos de curiosidades, exhibiciones en jardines de aclimatación, en zoológicos, en exposiciones universales y coloniales, teatros de variedades, muestras misioneras... Aunque cada uno de ellos tenía sus particularidades, Luis A. Sánchez-Gómez los clasifica en tres grandes bloques: las exposiciones etnológicas comerciales, las exposiciones coloniales de los Estados y las exposiciones misioneras (tanto de la iglesia católica como de la protestante).

Los objetivos de cada una de ellas eran distintos: las privadas buscaban hacer dinero, eran un negocio. Las exposiciones de los Estados buscaban mostrar los proyectos coloniales oficiales y las iniciativas privadas desarrolladas en las colonias para llevarles la riqueza y el bienestar de la metrópoli. Por último, las exposiciones de las iglesias tenían un poco de las dos anteriores: hacer propaganda sobre la labor misionera y de evangelización y recaudar fondos para poder continuar haciéndola.

En todas ellas la relación con los indígenas solía estar regulada, incluso por medio de contratos. Habría que ver, eso sí, si las personas exhibidas eran totalmente conscientes de a lo que se comprometían cuando accedían a formar parte de estos espectáculos: las condiciones en las que viajaban, en las que iban a vivir (como hemos visto se alojaban en la propia exposición) y su limitación de movimientos, ya que en muchos casos no estaban autorizados a salir de los recintos o bien porque no podían desenvolverse en las ciudades o bien porque directamente se lo prohibían (no era cuestión que el negocio se pudiera ver gratis por la calle). Sin embargo, no todas las exposiciones eran iguales; había diferencias, por un lado, entre estas tres categorías y por otro, en cada caso concreto. Podríamos decir que iba desde contratos en los que los organizadores eran prácticamente los dueños de las personas exhibidas hasta otros en los que eran tratados como cualquier otro trabajador al que se le pagaba y trataba con decencia, lo que ocurría más a menudo en las exposiciones misioneras.

EXPOSICIONES COMERCIALES

Las más destacadas en Europa fueron las del empresario alemán Carl Hagenbeck, el promotor del espectáculo inuit de Abraham Ulrikab y los suyos. Hagenbeck fue el que dio con la gallina de los huevos de oro al inventarse un espectáculo en donde se exhibían a la vez animales salvajes y grupos humanos, supuestamente del mismo territorio, en un decorado que recreaba su espacio natural de origen, generalmente en el interior de zoológicos. Algo que fue reproducido hasta la saciedad. El alemán llegó a poner en marcha medio centenar de estas exhibiciones en las que, en líneas generales y como hemos visto en el caso de Abraham Ulrikab, las personas eran contratadas y tratadas con respeto y mostradas más como algo exótico que como algo salvaje (lo cual no era poco en aquel momento).

Sin ir más lejos, la diferenciación racial era uno de los *leit motiv* de los espectáculos promovidos por particulares que se realizaron en el Jardín de Aclimatación de París desde 1877 hasta la Primera Guerra Mundial y que promovió el director del propio jardín, el naturalista francés Albert Geoffroy Saint-Hilaire. Fueron una máquina de hacer dinero con el sello educativo y científico como bandera, que al principio interesaron, y mucho, a los doctos académicos, pero a partir de 1886 la Sociedad Antropológica de París se distanció de lo que en realidad era un espectáculo para el entretenimiento de las masas difícilmente justificable desde un punto de vista ético.

Hubo también otro tipo de espectáculos étnicos más profesionalizados. Aquellos en los que se necesitaba que los nativos demostraran habilidades e hicieran representaciones que atrajeran al público, aquellos en los que los nativos eran en realidad considerados como una especie de artistas. Y aquí la figura más destacada es la de William Frederick

Cody, Buffalo Bill, que levantó en Norteamérica un *show* a medio camino entre el circo, las acrobacias y el teatro en el que intervenían vaqueros, mexicanos e indios de distintas tribus norteamericanas. En su «Buffalo Bill's Wild West» todos formaban parte del elenco al mismo nivel.

También fueron promovidos por particulares gran multitud de espectáculos que iban desde lo individual, como fue el caso de Julia Pastrana o el de Sara Baartman (quizá la conozcas como la Venus de Hotentote), hasta muestras de mayor tamaño como las representadas en teatros. Desde el *freak show* del que el norteamericano Phineas Taylor Barnum fue el rey, hasta las exposiciones en museos como el de Antropología del doctor Khan en Londres o el Panóptico, el museo de cera de Gustav Castan en Berlín, multitud de muestras y exhibiciones de todo tipo se realizaron a ambos lados del Atlántico cada una de ellas con sus propias características y dimensiones.

Aunque todas tuvieron su momento entre finales del XIX y principios del XX, nos encontramos exposiciones como el «Deutsche Afrika-Schau» a mediados de los 30 del siglo pasado en la Alemania nazi. Nació como un espectáculo de tipo privado, pero después evolucionó a evento semioficial para el adoctrinamiento ideológico y la propaganda colonial. Pero, al no obtener los beneficios económicos esperados, el régimen nazi acabó aboliéndolo.

EXPOSICIONES COLONIALES DE LOS ESTADOS

Este tipo de exposiciones nació con evidentes fines propagandísticos en el momento de auge del colonialismo. Los estados querían lanzar un mensaje que calara en sus ciudadanos sobre las bondades que acarreaba para las colonias la llegada de la metrópoli con su afán educativo y civilizador. Pero no solo eso, sino también mostrar músculo al resto de potencias competidoras. Para ello a mediados del siglo XIX comenzaron las primeras exposiciones, compuestas sobre todo por material etnográfico: armas, objetos cotidianos, vestidos, ídolos... así como documentos y fotografías. Pero pronto se dieron cuenta de que estos contenidos educativos resultaban poco atractivos o aburridos para el público, así que en la década de 1880 comenzaron a añadirles el ingrediente que sabían que les garantizaría el éxito de audiencia que buscaban: los pueblos indígenas. La que abrió el camino, la primera, fue la Exposición Internacional Colonial y de Exportación de Amsterdam de 1883, a la que le siguieron muchas más.

España no se quedó al margen. En 1887, el Parque del Retiro de Madrid acogió la Expo de Filipinas. En ella se mostraban, llegados de la entonces todavía colonia española, grupos indígenas con diferentes grados de «civilización». Por un lado estaban los ya «civilizados» (como ya hemos visto, cuando en ese momento se utilizaba esa palabra, lo que en realidad se quería decir era «bautizados»), que tenían la consideración de invitados especiales y se alojaban en pensiones. Su misión en el interior de la exposición era demostrar cómo realizaban tareas sofisticadas como liar tabaco o confeccionar artesanía, ya que habían aprendido oficios gracias a los españoles. Por otro lado estaban otros grupos que se mostraban como paganos y entre los que también había grados, desde los llamados «moros», que sí tenían una religión aunque fuera la musulmana y que también residían en pensiones, hasta los considerados «salvajes», los todavía por evangelizar. Estos últimos se mostraban en el recinto, en la «ranchería», en donde su misión era sencillamente exhibirse medio desnudos, bailando y gesticulando. El recinto era también el lugar en el que vivían, en unas condiciones más que cuestionables, que llevaron al triste fallecimiento de tres personas a lo largo de la exposición.

También se produjeron este tipo de Ferias del Mundo en Estados Unidos. Tardó en sumarse al fenómeno, pero cuando lo hizo, como siempre ocurre con los norteamericanos, fue por todo lo alto. Llegaron así la Feria del Mundo de Chicago 1893, la de Omaha 1898, la de Búfalo 1901... La más importante de todas ellas fue, sin duda, la de San Luis en 1904, en la que participó Ota Benga y como él, multitud de hombres y mujeres llegados de distintos puntos del planeta. Y en esta ocasión, también, cientos de nativos norteamericanos, con el propósito de dar publicidad a la «dura tarea de civilización del hombre blanco».

La verdadera eclosión de este tipo de exposiciones se produjo en las décadas de los 20 y 30 del siglo XX. Una de las más destacadas fue la de Oporto en 1934, que recordaba mucho en sus formas a las exposiciones del anterior siglo, con la reconstrucción de varios poblados ocupados por nativos, que residían allí y que se convirtieron en la gran atracción que hizo de esta muestra un tremendo éxito. Seguramente tenía que ver con que los «pretos» y «pretas» se mostraban con el pecho descubierto sin que esto escandalizara a nadie, ni siquiera a la iglesia, lo que demostraba una vez más que aquellos salvajes eran considerados por todos algo diferente al hombre y la mujer civilizados.

La última exposición colonial fue, dentro de la Expo de Bruselas de 1958, la sección del Congo Belga, puesta en marcha con el objetivo de mostrar la hermandad entre los pueblos. Los congoleños traídos a Bélgica ya no vivían en el interior del recinto de la muestra y su trabajo consistía en hacer demostraciones de sus oficios ante el público. Pero aquí los auténticos salvajes fueron los espectadores europeos que se comportaban de forma maleducada gritándoles e incluso tirándoles comida y otros objetos, por lo que muchos de ellos hicieron sus maletas y abandonaron la exposición.

EXPOSICIONES MISIONERAS

Las iglesias, tanto la protestante como la católica, no se quedaron atrás en este fenómeno. También vieron en este tipo de exposiciones una herramienta perfecta para mostrar los valores de su evangelización, para el proselitismo y, no lo olvidemos, para recaudar fondos. Comenzaron a mediados del siglo xix, de forma tímida, y dentro del contexto de las grandes exposiciones universales, pero evolucionaron hasta alcanzar dimensiones espectaculares en el primer tercio del siglo xx.

Los primeros en llegar fueron los protestantes y al principio sus exposiciones consistían en objetos etnológicos como ídolos, armas y otras piezas que fascinaban al público mostrándoles la faceta salvaje de los lugares donde desarrollaban sus misiones. Luego se sofisticaron con dioramas y esculturas que reproducían la vida en aquellos mundos lejanos. Pero después, cuando como ya hemos visto, para el público estos elementos dejaron de ser algo novedoso, recurrieron a material de mayor impacto: también aquí, grupos de nativos.

La iglesia católica fue la primera en hacerlo, en la exposición misionera celebrada en el marco de la Expo italoamericana de Génova de 1892. Participaron siete nativos de dos etnias diferentes, que vivían en unas condiciones cuando menos cuestionables, en unas chozas dentro del propio recinto. La experiencia fue tan poco justificable, tan bochornosa, que fue la primera y última con personas para la iglesia católica que continuó solo con colecciones de dioramas y esculturas.

Sí, lo hacían los protestantes, aunque muy lejos de las formas de Génova. En sus exposiciones religiosas participaban personas, pero no se trataba de auténticos «salvajes», sino de «invitados» llegados de las misiones, que ya estaban bautizados, y que representaban el papel de sus vidas antes de la cristianización.

Hubo muchísimas muestras, especialmente (cómo no) en Estados Unidos, siendo la más grandiosa la Exhibición Centenaria de las Misiones Metodistas Americanas de 1919, conocida como la Feria Mundial Metodista, con cientos de nativos, incontables desfiles, actuaciones teatrales y animales exóticos. En el fondo, eran exposiciones muy similares a las coloniales, con reproducción de los poblados y decorados del ambiente natural de origen pero la diferencia, muy importante, era que aquí los nativos tenían otro papel y otro trato: los que hablaban mejor trabajaban como guías ataviados con sus trajes y los que no, se dedicaban a la artesanía o a vender recuerdos. No mostraban su lado salvaje, ni como tales eran representados, sino el valor de la evangelización. Los organizadores defendían su presencia diciendo que se trataba en realidad de actores.

En las décadas de los años 20 y 30 del siglo xx, la presencia de nativos fue disminuyendo y también la importancia de estas exposiciones, pero para mantener el interés del público se recurrió a un modo de espectáculo diferente, el teatral. Las iglesias pusieron en marcha representaciones del modo de vida de los nativos, combinadas con escenas de interacción misionera, con hombres y mujeres vestidos y maquillados como nativos (aun sin serlo). Algunas eran representaciones cortas y otras largas y con varios actos a la altura de grandes representaciones teatrales.

LOS ÚLTIMOS ZOOS HUMANOS

Con la llegada del cine, la televisión y otras formas de ocio, estos espectáculos consistentes en la exhibición de humanos fueron decayendo. En 2011, el Museo del Muelle Branly de París acogió la muestra «Exhibiciones: la invención del salvaje» en donde se realizaba un recorrido a lo largo del tiempo de este fenómeno y muchos espectadores se preguntaban cómo era posible que se hubieran podido organizar espectáculos tan repulsivos.

Déjame que termine dándote otros datos para que tú saques tu propia conclusión. En 1994, el zoológico de Nantes acogió «El poblado Bamboula», considerado el último zoo humano. En 2002 se instaló en el zoológico de Yvoir, en Francia, un poblado de pigmeos Bakas. Dentro de la actual oferta turística de Tailandia, cualquiera puede contratar una visita a los poblados Karen para poder ver *in situ* a las conocidas como «mujeres jirafa». En los safaris por las Islas Andamán, en la India, los turistas tiran comida a las mujeres Jarawa para que éstas bailen. Y son solo unos pocos ejemplos.

JUICIO AL PASADO

¿Fue la de Julia Pastrana una buena vida? Está registrado que sus últimas palabras antes de fallecer fueron: «muero feliz por sentirme querida por quién soy». Aunque también hay quien dice que esas palabras en realidad las puso en su boca el marido de Julia, como otra manipulación más. Lo cierto es que no podemos juzgar los hechos del pasado con los ojos del presente ni tampoco sacar conclusiones sin tener pruebas directas para saber, en este caso, si Julia Pastrana fue una mujer explotada o una mujer que explotó su físico.

Sí, tenemos esas evidencias directas en el caso de Abraham Ulrikab, ya que gracias a su diario (el único de entre las 35 000 personas que fueron exhibidas), sabemos cómo se sintieron los ocho en el viaje. Sabemos que no fue lo que esperaban, pero también tuvo buenos momentos. Y que siempre se sintieron bien tratados, cuidados y pagados por los empresarios. Pero la enfermedad les asustó tanto que días antes de su muerte, aquel hechicero que consiguió domar el temporal pidió la protección de Dios. Así lo dejó escrito Abraham: «Nos arrodillamos ante Dios cada día, doblegados por nuestra presencia aquí y le pedimos que perdone nuestros errores (...) Hasta Terrianiak, que ahora está solo, cuando le digo que debería convertirse, desea entregarse a Jesús. Constantemente participa en nuestras oraciones».

Ota Benga dejó el zoo del Bronx después de una serie de protestas organizadas por un reverendo norteamericano para su liberación. Sin tener dónde ir, pasó por un asilo, un orfanato y una hacienda de tabaco en Virginia. Acabó pegándose un tiro en el corazón en 1916. Tenía 32 años.

LAS CIENTÍFICAS TAMBIÉN HACEN TRAMPAS

Rocío Benavente Pérez

S i usted, lectora o lector, hace una búsqueda en Google con los términos «grandes fraudes científicos de la historia» o su equivalente en inglés (*biggest frauds on science history*), le aparecerán decenas de artículos publicados por prensa generalista o por páginas más o menos profesionales de divulgación científica. Hagan la prueba, es un artículo que se ha escrito decenas de veces en español o en inglés (seguro que en cualquier otro idioma).

En esas listas hay nombres que todos esperamos encontrar, como Andrew Wakefield, el tristemente célebre médico que se inventó una inexistente relación entre la vacuna de la triple vírica y el autismo. También está Hwang Woo-suk, genetista coreano que anunció en 2005 la que habría sido la primera clonación de un embrión humano al que supuestamente habría extraído células madre que en realidad no existía. Está el anestesista japonés Yoshitaka Fujii, acusado de haber manipulado alrededor de doscientos artículos científicos, en lo que debe ser sin duda un récord de productividad mal enfocada.

¿Saben lo que no hay en esos artículos? Científicas tramposas. Se diría que las investigadoras no cometen fraude científico, si nos atenemos al contenido necesariamente ligero y entretenido que supone ese tipo de divulgación científica (no son adjetivos despectivos en absoluto, hay para quien ese es el modo de introducirse en el consumo de contenidos científicos, y aunque no fuera así, también sería muy digno buscar entretenerse).

Ocurre con esto igual que con los listados de receptores de un Premio Nobel en categorías científicas, que no sabemos si es que las mujeres no han cometido grandes fraudes científicos porque no estaban hasta hace poco en situación de hacerlo o es que no sale de ellas mentir y manipular.

Debe ser lo primero, porque, de hecho, sabemos que sí lo hacen y muchas veces a lo grande.

Francesca Gino es científica del comportamiento. Está especializada en estudiar y analizar si hay algo que se pueda hacer para que seamos más honestos. ¿Se puede animar o desanimar a la gente a decir la verdad? Gino ha publicado varios estudios que sugerían que sí, que se puede. Y ni siquiera resultaba algo tan difícil.

En 2018 publicó un artículo junto a otros colegas en el que basándose en seis experimentos concluía que llevar a cabo sencillos rituales antes de tomar una decisión aumentaba la autodisciplina y ayudaba a optar por elecciones más beneficiosas, incluso aunque esos rituales no sean percibidos como rituales. En su caso, que contar hasta 10 antes de elegir lo que vamos a comer nos llevaría a decantarnos por opciones más saludables y con menos calorías.

En otro de sus experimentos pidieron a un grupo de voluntarias que llevasen gafas de sol que eran, supuestamente, falsificaciones de la marca de moda y accesorios Chloé (en realidad, eran auténticas) y luego que hicieran un test, y según sus datos, estas hicieron trampas en la prueba más del doble de veces que las del grupo de control. «Aunque la gente compra productos falsificados para señalar rasgos positivos, mostramos que llevar estos productos falsificados hace que los individuos se sientan menos auténticos y aumenta la probabilidad tanto de que se comporten de forma deshonesta como de que juzguen a otros como poco éticos», arrancaba el *abstract* de ese estudio, publicado en 2010.

Pero su trabajo más conocido fue un estudio que publicó junto a otros autores en 2012, en el que aseguraban que cuando hay que rellenar un formulario por el que se va a obtener algún tipo de recompensa según las respuestas consignadas, la gente tiende a ser más honesta si se les pide que firmen al principio en vez de al final o que no firmen en absoluto.

El estudio recogía los resultados de varios experimentos. En uno de ellos se pidió a un centenar de voluntarios que durante cinco minutos resolviera veinte *puzzles* matemáticos con la promesa de que recibirían un dólar por cada *puzzle* completado. Al terminar el tiempo asignado se les pidió que destruyesen el documento donde habían completado las pruebas y que rellenasen un formulario declarando cuántos *puzzles* habían resuelto. A algunos voluntarios se les pidió que firmasen esta declaración al inicio, a otros al final y a otros que no firmasen.

Este sistema daba a los voluntarios la impresión de que podían mentir y llevarse más dinero del que les correspondería sin que hubiese consecuencias porque nadie lo sabría. En realidad, los investigadores sí sabían cuántos *puzzles* había resuelto cada uno, permitiéndoles saber quién mentía y cuánto.

En otro experimento similar, pedían a los voluntarios que les detallasen los gastos que les había ocasionado el desplazamiento hasta el laboratorio para que les fueran reembolsados. Los resultados mostraban que quienes firmaban el formulario antes de declarar sus resultados mentían menos y con menos frecuencia que quienes lo firmaban después o no lo firmaban.

El trabajo de Gino y sus colegas, y ha tenido muchos durante su carrera porque pronto se convirtió en una figura relevante en su campo, resultaba fascinante entre la comunidad científica y también fuera de ella, por lo que supuestamente revelaba sobre cómo somos y nos comportamos los seres humanos.

Detrás de estas conclusiones y experimentos, en la base de las charlas y libros que Gino y Ariely realizaron durante años estaba la idea de que el ser humano es, en el fondo, un ser racional que responde a estímulos lógicos provenientes del entorno y que es posible, por lo tanto, influir en su comportamiento y hacerlo más ético y honesto si se aplican los estímulos adecuados.

En una voltereta científico temporal tan extrema que la palabra «karma» nos vendría a la cabeza si este no fuera un libro sobre ciencia, una década después, la honestidad de Gino (y de Ariely) se ha visto seriamente en entredicho al sucederse las acusaciones y sospechas de que sus fascinantes estudios, esos que tanta fama y prestigio les habían dado, estaban plagados de datos manipulados y conclusiones irreproducibles. En lo que resulta una coincidencia asombrosa, y un caso especialmente desalentador de supuesto fraude científico, el famoso experimento de la aseguradora ha sido señalado por haber sido manipulado de forma independiente por dos autores distintos. Ante las evidencias de que los datos estaban alterados, aunque la causa de esa alteración aún esté por terminar de ser aclarada, tanto ese como otros tres de esos estudios han sido retirados por las revistas científicas que los publicaron en su día. Gino ha perdido su plaza en la Escuela de Negocios de Harvard, que abrió una investigación contra ella para determinar qué había de cierto en estas acusaciones y hasta dónde llega la responsabilidad de la investigadora.

Ella niega haber cometido ningún tipo de fraude y ha dado dos posibles explicaciones para las alteraciones estadísticas detectadas en su trabajo que alteran sus resultados: o bien fueron un error sin malicia por su parte o por parte de su equipo o bien alguien con acceso a sus materiales los manipuló, esta vez sí con malicia. Gino ha puesto una demanda contra su antigua universidad y contra los tres científicos del blog Data Colata, que fueron los primeros en dar la alarma sobre sus posibles malas prácticas por difamación. Les pide 25 millones de dólares por, según esa demanda, haber conspirado para dañar su reputación con acusaciones falsas y porque las medidas tomadas contra ella podrían considerarse discriminación de género.

El caso de Francesca Gino resulta fascinante por su ironía intrínseca: una investigadora de la honestidad acusada de ser deshonesta, alguien que buscaba cómo manipularnos para que fuéramos más éticos, pillada (supuestamente) manipulando con muy poca ética. Es difícil no paladear el caso con un regusto a sorna en la boca. Por eso, cuando el supuesto fraude fue descubierto, colegas, periodistas y comentaristas científicos de todo tipo se quedaron bien a gusto. «Vaya, vaya, vaya...».

LA ESTAFA DE THERANOS

El caso de Elizabeth Holmes tiene algunas similitudes con el de Francesca Gino, aunque en otras cosas es muy distinto. Holmes nunca llegó a tener relevancia académica, su camino fue otro: se presentó a sí misma como una emprendedora exitosa y revolucionaria, consiguió inversiones de millones de dólares para su empresa, Theranos.

Holmes prometía una solución nueva y sencilla para un problema que existe desde que en 1853 el médico escocés Alexander Wood inventó la aguja hipodérmica para inyectarle morfina a su esposa, enferma de cáncer: el miedo a las agujas. Porque lo que Theranos vendía era un nuevo procesamiento de los análisis de sangre para detectar cientos de patologías y problemas con una sola gota de sangre.

El cómo iba a ocurrir esto, el proceso exacto del análisis, solía ser despachado en unas pocas frases. La parte públicamente conocida era que había pequeños *chips* involucrados, como los que se utilizan en los teléfonos móviles y los ordenadores. Pero qué era lo que debía ocurrir dentro de esos microchips estaba protegido por decenas de patentes y por el derecho de Theranos a proteger sus secretos ante la posible competencia.

Todo el mundo quiso creer en esta promesa, unos por un miedo personal a los pinchazos, otros porque el potencial económico de la idea era enorme. Muchísimo material de pruebas y tiempo ahorrados, muchísimos pacientes tratados, muchísimas enfermedades detectadas a tiempo y tratadas de forma mucho más eficiente y barata. Un ejemplo redondo y coronado con un lacito de *wishful thinking*, un concepto que en español no existe como tal, pero cuya traducción aproximada sería «pensar deseando».

Ningún aspecto de su persona quedó sin analizar en esos años. En sus charlas y conferencias, Holmes interpretaba sin fisuras el papel de una mente joven con una idea nueva para un problema de siempre, pero no solo vendía su empresa, también a sí misma. Contaba a menudo cómo su tatarabuelo, inventor y cirujano condecorado en la Primera Guerra Mundial, la había inspirado para estudiar Medicina, pero pronto se había dado cuenta de que tenía miedo a las agujas. Finalmente se matriculó en la carrera de Química en la Universidad de Stanford, pero tras fundar su empresa a los pocos meses de empezar los estudios, decidió dejar la universidad para centrarse en ella sin llegar a completar el primer curso.

Se presentaba en todas partes vestida de negro, con su pelo rubio recogido descuidadamente y apenas maquillada. La perfecta imagen de alguien a quien no le interesaba nada su imagen. Sus grandes ojos azules completaban el cuadro.

¿Tiene realmente importancia la imagen que tenía Elizabeth Holmes? Depende de cómo definamos «importancia», pero lo cierto es que la prensa tecnológica de la década de 2010 estaba fascinada con su imagen. Se publicaron artículos en los que se debatía si su voz grave era realmente suya o se había entrenado para sonar más masculina en un hábitat poblado casi únicamente por hombres. Si su pelo rubio y evidentemente mal arreglado (aún más por contraste con el de las otras escasas mujeres con las que aparecía en eventos y paneles) era una forma de reducir su innegable aspecto de chica blanca, joven y guapa o era una muestra auténtica de su falta de habilidad y tiempo para cuidárselo, de que tenía la cabeza en otras cosas más importantes. ¿Eran sus jerséis negros de cuello alto algo que usaba por pragmatismo, como ella decía cuando le preguntaban (porque le preguntaban), para no tener que dedicar energía a decidir qué se ponía cada mañana o una forma de invocar a otro referente de la industria tecnológica estadounidense elevado a figura mitológica, Steve Jobs, fundador de Apple, que también iba siempre vestido con un jersey negro de cuello alto?

La empresa llegó a valer 9000 millones de dólares y a tener 500 empleados. En su consejo de administración se sentaban antiguos secretarios de Defensa y de Estado del gobierno de Estados Unidos. Bill Clinton y Rupert Murdoch fueron accionistas de Theranos.

Igual que ocurrió con Gino, la caída en desgracia de Holmes se desencadenó con rapidez y terminó perdiéndolo todo, en su caso hasta terminar en la cárcel. En 2015 el periódico *The New York Times* levantaba por primera vez sospechas sobre la compañía en un artículo en el que fuentes internas denunciaban que los tests de sangre que se hacían en Theranos utilizaban máquinas convencionales y que la tecnología prometida nunca se había llegado a desarrollar. Se sucedieron cierres de divisiones, despidos, acusaciones y demandas. En noviembre de 2022, Holmes fue finalmente condenada a 11 años de prisión por haber estafado a los inversores de Theranos. Tras sus microchips no había una tecnología real capaz de hacer lo que la empresa prometía. En cambio, Holmes no fue finalmente condenada por la acusación del fraude a pacientes, que llegaron a hacerse análisis con su compañía y recibieron resultados falsos o incorrectos. El jurado no se puso de acuerdo en este caso.

La realidad es que no había un proceso por el que se pudiera sacar y transmitir tanta información a partir de una sola gota de sangre. Los aversos a las agujas siguen esperando que sus aprensiones dejen de ser un suplicio necesario para controlar su salud. Los inversores tendrán que buscar otro negocio sanitario que exprimir.

Gino y Holmes son dos mujeres de perfiles muy distintos, que han desarrollado sus carreras en áreas del progreso científico muy alejadas entre sí y a las que se ha acusado (a una de ellas, condenado) de haber cometido malas prácticas científicas de proporciones dispares. Pero tienen algo en común, ya que son dos ejemplos de algo sobre lo que se habla y se sabe poco: científicas tramposas. Animo al lector a hacer la prueba: si busca en internet listados de investigadores acusados de malas prácticas científicas, los que aparecen son siempre casi exclusivamente hombres masculinos. Para evitar sesgos en el buscador (si es que eso es posible) pruebe a hacer la búsqueda con el término en inglés, *scientist,* que carece de género.

¿QUÉ DICEN LOS DATOS?

¿Acaso las científicas no hacen trampas? ¿No manipulan datos, no hinchan sus resultados, no plagian? ¿Son las mujeres científicas ejemplos de una ética intachable? ¿Son, en definitiva, mejores que sus colegas masculinos? ¿Por qué no hablamos de las científicas que mienten, defraudan y manipulan? ¿Es que no hay? Asumo que quien lea estas preguntas será capaz de ver lo problemático del manido argumento de que las mujeres son más justas, más éticas, mejores que los hombres. «Si las mujeres mandasen no habría guerras». Como si no tuviésemos ejemplos históricos y presentes de sobra para saber que las mujeres son personas y no seres de luz. Esperar de las mujeres estándares de comportamiento superiores a los de los hombres es tan sexista como esperarlos inferiores.

Resulta útil ante estas preguntas buscar datos que nos ayuden a medir la dimensión de lo que nos preguntamos, sobre todo porque podría haber razones fuera de su altura moral que justificasen que las mujeres, efectivamente, hacen menos trampas. Las mismas, por ejemplo, que durante décadas mantuvieron a las mujeres como excepciones entre los galardonados por los premios Nobel: porque había poca representación femenina entre el conjunto de investigadores. Eso, por cierto, ya no serviría para explicar ninguna de las dos cosas.

Uno de los problemas que tiene el estudio de la mala conducta científica, que engloba el fraude, la manipulación de resultados o el plagio, entre otros, es que, en ciencia, igual que ocurre en cualquier otra actividad humana, lo que no queremos que se sepa lo hacemos a escondidas y no lo contamos y, por tanto, es difícil de saber y de analizar. No es fácil llevar la cuenta de lo que las personas hacemos cuando nos aseguramos de que no nos mira nadie. Hacer estadísticas sobre delitos cometidos tiene sus limitaciones: en realidad solo podemos contar los delitos descubiertos, confesados o juzgados. Eso deja fuera todos aquellos crímenes perfectos en los que el autor o autora se salió con la suya.

En el caso de la mala conducta científica, ocurre lo mismo. Esto es algo que se estudia basándose en algunas de sus consecuencias cuando son descubiertos, principalmente el de los artículos retirados por parte de las revistas.

Otras veces se hacen aproximaciones al fenómeno a partir de los casos en los que el autor o autora se retractó y retiró su propia investigación. Ambos recuentos se quedan cortos, claro, porque en los dos ocurrirá que todos aquellos casos en los que alguien mintió o engañó, aguantó el tipo y consiguió que nadie se diera cuenta, al menos de momento, no están incluidos. Es decir, que los datos que tenemos para analizar el fenómeno son necesariamente incompletos.

Pero aceptemos esa limitación de partida y sigamos adelante. Varias investigaciones recientes han tratado de analizar si hay una diferencia de género en la mala conducta científica. Al menos una diferencia que resulte estadísticamente significativa. Se trata precisamente de responder a las preguntas que antes nos hacíamos: ante una supuesta igualdad de oportunidad (la discusión sobre si esa igualdad de oportunidades realmente existe o no daría, no para otro capítulo, sino para otro libro, otra trilogía, una biblioteca completa), ¿las científicas cometen malas prácticas tan a menudo como los científicos? La respuesta, por ahora, es francamente decepcionante para todos: por ahora no lo sabemos.

Pero tenemos algunas hipótesis que resultan interesantes. Vayamos con la primera pregunta básica: ¿hacen las científicas trampas a veces? Aquí sí tenemos una respuesta y es que sí. Como decía, varios estudios han analizado esta cuestión y han encontrado ejemplos de mala praxis de científicas. Hemos arrancado este capítulo analizando dos casos concretos, dignos de interés por sus detalles, pero hay muchos más. Las mujeres que se dedican a la investigación científica y a la innovación tecnológica no son seres de luz. Era lógico pensarlo y, aun así, resulta un alivio confirmarlo.

De acuerdo, pero ¿cuánto trampean? Y, sobre todo, ¿trampean más o menos que sus colegas masculinos?

Varios estudios han tratado de responder a estas preguntas, dentro de lo posible. Uno de ellos se publicó en enero de 2013 en la revista *mBio*, editada por la Sociedad Americana de Microbiología. Los autores de esta investigación tuvieron en cuenta casos de mala conducta científica que habían sido reportados a la Oficina de Integridad de la Investigación de Estados Unidos durante más de dos décadas, aunque reconocen no saber cuántos de esos casos fueron finalmente investigados por esa oficina y, por tanto, resultaron ser ciertos. En cualquier caso, se trata de casos que, supuestamente, fueron descubiertos en algún momento y centro de investigación y posteriormente elevados a esta entidad.

Entre todos esos casos sacaron un listado de 228 científicos y científicas que habían cometido esos casos de mala conducta. De ellos, el 65 % de los nombres eran masculinos. Además, de los 72 nombres que pertenecían a profesores o profesoras universitarias, el 88 % de los nombres eran masculinos.

Con esas cifras parece que podríamos decir que sí, las científicas hacen trampas, pero menos. Sin embargo, los propios autores del estudio evitan sacar esa conclusión de forma tajante. En cambio, ofrecen dos hipótesis para estos resultados.

La primera es que, efectivamente, los científicos hagan más trampas que sus colegas mujeres. «Estar dispuesto a aceptar riesgos está más relacionado con el género másculino, mientras que la timidez está más relacionada con el género femenino. Es posible que toda una vida reforzando estos estereotipos de lo que es un comportamiento aceptable para hombres o para mujeres haya bajado el listón en lo que se refiere a la predisposición de los hombres a cometer un comportamiento arriesgado de mala praxis científica», razonan los autores.

La segunda tiene que ver con esa dificultad intrínseca que existe a la hora de estudiar este fenómeno, porque lo que los autores sugieren es que quizá hombres y mujeres cometan malas prácticas científicas en la misma proporción y lo que ocurre es que es más probable pillarles a ellos que a ellas porque es fácil asumir que ellos tienen las características que asociamos con el hecho de hacer trampas.

Fang y sus colegas lo explican con un ejemplo: «La mayoría de los criminales son hombres, haciendo que pensemos en la criminalidad como una actividad típicamente masculina y llegando a la conclusión implícita de que hacen falta cualidades estereotípicamente masculinas para cometer un crimen» y añaden que cuando se valora la capacidad de una mujer para llevar a cabo una tarea típicamente asociada con hombres, los evaluadores requieren una demostración más amplia y rigurosa de los que pedirían si el evaluado fuese un hombre.

Trasladando este razonamiento a los datos sobre mala conducta científica, los autores proponen la explicación de que no es cierto que las mujeres cometan menos este tipo de actos, sino que hacen falta más evidencias para concluir que una mujer los cometió con éxito y se la reporte por ello. A ellos se les supone más hábiles, al parecer, también para las trampas.

Añaden otra explicación complementaria: puesto que las normas sociales suelen desembocar en que las mujeres se disculpan más que los hombres y una disculpa formal puede evitar, en determinados casos de mala praxis científica, que se tomen acciones legales y administrativas, es posible que haya casos cometidos por mujeres en los que ellas se disculparon y, por tanto, no llegaran a reportarse ante la Oficina de Integridad Científica. Volvemos a toparnos con la doble dificultad de estudiar y explicar un comportamiento humano, y además, uno que hacemos a escondidas. Pero los autores de este estudio dan una clave interesante con sus distintas hipótesis: sí, las científicas también trampean, pero si queremos saber si lo hacen lo mismo, más o menos que sus colegas, es posible que nos encontremos con que el fenómeno esté doblemente condicionado por los estereotipos de género. Por un lado, quizá las mujeres sean más timoratas que los hombres al plagiar o manipular resultados. Por otro, quizá precisamente al pensar que las mujeres son más timoratas que los hombres al plagiar o manipular, se las pille menos que a los hombres y pensemos que lo hacen menos. Un ejemplo perfecto de profecía autocumplida y de cómo los estereotipos nos hacen ver solo aquello que creemos que vamos a ver.

Otro estudio posterior, publicado en mayo de 2023, trató de responder a las mismas preguntas y para ello analizó las diferencias de género entre los autores de un total de 35 635 estudios sobre ciencias biomédicas retirados entre 1970 y 2022 y recogidos por Retraction Watch, una web que publica periódicamente información sobre estudios retractados. En total anotaron el nombre de 20 849 primeros autores y autoras y 20 413 de últimos autores y autoras (dos figuras distintas a la hora de firmar una investigación). En el primer grupo, el número de mujeres era del 27,4 %, y en el segundo, del 23,5 %.

Esos porcentajes son menores que el de mujeres presentes en el campo de las ciencias biomédicas. Es decir, que sí hay mujeres que ven sus investigaciones retractadas, aunque menos que los hombres. Pero en el caso de este estudio, hay un análisis más profundo en la causa de esas retractaciones y es interesante detenerse en ello.

Los autores de este estudio explican que las mujeres suponen un porcentaje menor entre los autores de estudios retirados por mala conducta y fraude, y más por plagio, contenido duplicado o errores accidentales. También son más entre quienes vieron retiradas sus investigaciones por motivos relacionados con los editores, revisores y revistas, que son asuntos que quedan fuera del ámbito del autor o autora de la investigación. Aunque reconocen que no tienen una explicación contundente para ello, sí explican que los estereotipos y sesgos de género pueden dar como resultado distintos estándares morales y valores, lo cual a su vez se traduciría en distintos comportamientos en lo que se refiere a la integridad investigadora: «puede que los hombres experimenten una mayor presión para mantener cierto nivel de producción cuando están en puestos sénior que las mujeres».

En España tuvimos nuestro propio escándalo de malas prácticas científicas protagonizado por una mujer. El 29 de febrero de 2016, el Centro Nacional de Investigaciones Cardiovasculares (CNIC) despedía a Susana González, bióloga especializada en investigar si es posible revertir el envejecimiento del corazón y así curar algunas de las enfermedades que lo aquejan. González no era una investigadora cualquiera: acababa de recibir una de las becas más prestigiosas que otorga la Unión Europea para investigación científica, una ERC Grant, dotada en su caso con 1,86 millones de euros. En el panorama de la siempre escasa de fondos ciencia española, que se pusiera en la calle a esta científica y su beca no era para tomarlo a la ligera.

El motivo del despido eran las acusaciones de haber cometido graves irregularidades en sus trabajos en el laboratorio y las correspondientes publicaciones en revistas científicas. En concreto, parecía que varias imágenes de sus experimentos se habían replicado en distintos estudios y que, cuando se había pedido aportar los datos originales para poder comprobarlos, estos no aparecían por ninguna parte. Cinco de sus artículos fueron retirados y, aunque ella alegaba que podía haber cometido algún error, pero nunca un fraude, al despido del CNIC le siguió la retirada de la beca por parte de la UE.

Durante la primavera y el verano de ese año se sucedieron las noticias en prensa al mismo ritmo que las revistas científicas iban retirando los artículos. En varios de ellos se recogían declaraciones de otros científicos que habían trabajado con ella y resulta curioso comprobar que muchos de ellos son totalmente opuestos: algunos aseguran que todo el mundo conocía las prácticas dudosas por parte de la investigadora, mientras que otros defienden su implicación y entusiasmo científico, ponen en duda la mala intención y lo achacan todo a un posible error humano.

Hay un tercer estudio sobre esta temática que nos ayuda a seguir iluminando esta área clandestina de la investigación. Se publicó también en 2023 y en él los autores analizan las diferencias de género en estudios que los propios científicos que los llevaron a cabo pidieron que se retirasen después de ser publicados. En este caso, por tanto, no se refieren tanto a acciones como mentir, manipular o trampear investigaciones, sino de cómo de honestas u honestos son los científicos a la hora de reconocer que han cometido un error, que es, al fin y al cabo, otra forma de mantener la integridad científica.

Para ello analizaron 3822 registros de publicaciones retractadas por sus autores entre 2010 y 2021 bajo la categoría de «error» en la base de datos de Retraction Watch y encontraron que solo el 25 % de los autores de esas publicaciones eran mujeres. ¿Puede ser que los científicos descubran errores en sus datos, resultados o conclusiones posteriores a su publicación más a menudo que las científicas? Quizá, dicen sus autores. «Sin embargo, esta posible explicación no cuenta toda la historia, teniendo en cuenta las dimensiones sociales de una retractación», añaden.

Ellos mismos reconocen que el tema requiere de más investigación, pero plantean una posible hipótesis. Es posible, dicen, que la percepción de que retractar una investigación afectará a la reputación del autor en el entorno científico y académico sea más fuerte en las mujeres que en los hombres, creando un sesgo inconsciente en este proceso de autocorrección, mientras que no hay ningún mecanismo de recompensa para quienes sí dan un paso adelante y admiten que se equivocaron. Ellas lo hacen menos, sugieren los autores, porque sienten que el precio que pagarán si lo hacen será mayor.

Esto quiere decir que al ya mencionado problema de que no existen datos directos para medir este fenómeno, solo indirectos, se añade que las propias estructuras científicas y académicas están tan enredadas en sus propias dinámicas de funcionamiento en las que el género es una interferencia evidente que no podemos saber exactamente cómo afectan al hecho, este también innegable, de que las mujeres científicas también hacen trampas. Hacerlas las hacen, solo que no podemos saber con certeza si las hacen más o menos a menudo que los hombres científicos.

Como ya hemos visto en la historia de Elizabeth Holmes, no es cierto que la mala praxis científica nunca tenga víctimas directas. En su caso fueron los inversores que le dieron millones de dólares y los pacientes que confiaron a su supuesta tecnología la información sobre su salud que necesitaban obtener para cuidarla, aunque estos últimos no consiguieran finalmente que se les hiciera justicia.

En el caso de Annie Dookhan, las víctimas de sus trampas fueron cientos, quizá miles de personas condenadas y encarceladas por los análisis forenses que ella manipuló o directamente falsificó.

Dookhan es química forense y trabajaba en un laboratorio estatal de Boston llevando a cabo pruebas de drogas. Analizó pruebas de más de 34 000 casos criminales. Unas 1100 personas habían sido condenadas basándose en pruebas que ella había analizado. Su productividad como analista era asombrosa: si un laboratorio de este tipo, de media, analizaba entre 50 y 150 muestras al mes, el de

Dookhan procesaba unas 500. Hasta que el 28 de septiembre de 2012 el tinglado se vino abajo. Dookhan fue detenida acusada de obstrucción a la justicia y por mentir bajo juramento, cargos de los que ella se declaró inocente, si bien reconoció haber manipulado pruebas en numerosas ocasiones en los 2 o 3 años anteriores.

Según una declaración policial que fue publicada por el periódico *Boston Globe*, lo que hacía Dookhan era adivinar o deducir cuál iba a ser el resultado de un test determinado antes de llevarlo a cabo y luego contaminaba las muestras después de testarlas para que coincidiesen con su corazonada inicial. En algunos casos, reconoció, había registrado como positivas en drogas pruebas que habían dado negativo. De los miles de casos en los que su laboratorio había participado, era incapaz de decir en cuáles había llevado a cabo estas manipulaciones y mentiras. Todas esas condenas basadas en sus laboratorios podían ser impugnadas.

El caso de Dookhan no solo le costó a ella su cargo, su reputación y una condena a prisión. También desencadenó una cascada de dimisiones dentro del correspondiente departamento estatal, incluida la del comisario de Salud Pública del estado de Massachusetts, que asumió la responsabilidad por la pérdida de confianza en el trabajo forense que el caso Dookhan había provocado.

Gino, González, Holmes y Dookhan son solo cuatro ejemplos de científicas que (supuestamente, en el caso de la primera) cometieron malas prácticas científicas con un componente de espectacularidad que las llevó a salir de las estadísticas de los estudios a los titulares de la prensa científica y también general. Son la prueba de que las mujeres también hacen trampas a lo grande, aunque no sepamos si lo hacen más o menos a menudo que sus colegas. Son también un ejemplo, y en esto no se diferencian en nada de sus colegas, de que la presión productiva de la academia y la actividad científica puede en ocasiones generar monstruos.

Tanto en el caso de Gino como en el de Dookhan, su llamativa capacidad para generar resultados es comentada a menudo entre sus colegas que, a posteriori, no se sorprenden al saber que en parte esa productividad se debía a que el proceso para llegar a ella estaba lleno de atajos. La presión para destacar, una cierta obsesión por el trabajo, por hacerse un nombre, por hacer más y mejor que los demás... a ningún científico, del sexo o género que sea, le resultará ajeno ese sentimiento. Probablemente, a ninguna persona que intente, simplemente, sobrevivir en el mundo actual.

Y cuando se ha hecho trampas una vez... ¿por qué no hacerlo de nuevo? ¿Y cómo se para? También resulta tristemente fácil empatizar con esa Elizabeth Holmes que, a los 25 años, llega a casa después de haber participado como ponente en un evento en el que era la única mujer y de lejos la más joven y se pregunta a sí misma cómo va a salir del lío en el que se ha metido, concluye que no hay forma de hacerlo y que solo queda tirar adelante con todas las mentiras.

En cuanto a González, y a riesgo de que el conocimiento sobre la precariedad de la ciencia española nos haga empatizar más que con las demás, es comprensible que tratase de destacar para obtener más fondos que le permitiesen seguir investigando, aunque comprensible no es lo mismo que aceptable. Considerarlo así sería un insulto para todas las investigadoras e investigadores que ante la misma escasez de medios trabajan con integridad.

La historia de la ciencia está llena de mentirosos y también de mentirosas, porque es una actividad humana y los humanos mentimos y trampeamos, sobre todo a escondidas, cuando nadie nos mira, para que no nos pillen. Y las humanas, también.

Lo que nos queda por contar

Elena Lázaro Real

Cuando *The New York Times* publicó la crónica de la inauguración del Puente de Brooklyn el 24 de mayo de 1883 no olvidó mostrar al mundo a la persona que había logrado salvar la mayor obra de ingeniería civil hasta aquel momento: Emily Warren Roebling, una neoyorquina de cuarenta años con amplios conocimientos de ingeniería y ninguna titulación universitaria, que había dirigido la obra durante 11 de los 14 años que duró la construcción del puente.

El periódico daba cuenta de cómo la señora Roebling se había puesto al frente de la obra después de que su marido, Washintong Roebling quedara seriamente afectado por un ataque de descompresión mientras supervisaba los trabajos de cimentación de las torres del puente bajo el río. Por aquel entonces no se conocían los efectos de la despresurización rápida sobre el cuerpo. Roebling, que ya venía padeciendo esos efectos desde que empezara años antes a trabajar con su padre en la construcción de otros puentes similares, tuvo un ataque definitivo, que lo dejó casi ciego, sordo y parcialmente paralizado, aunque con la mente lúcida para poder compartir con Emily las decisiones sobre cómo continuar los trabajos que él mismo había asumido solo tres años antes cuando otro accidente en las obras se llevó por delante la vida de su padre, John Roebling, autor del proyecto. Para sus contemporáneos, que la habían visto trabajar como ingeniera a pie de obra, la señora Roebling había mostrado sobradamente su ingenio y capacidad de trabajo y así lo narró *The New York Times* en su crónica[3].

---

3   *The New York Times*, 23 de mayo de 1883: «La habilidad de la sra. Roebling: cómo la esposa del ingeniero del Puente de Brooklyn ha ayudado a su marido» recuperado el 10 de marzo de 2025 en https://www.nytimes.com/1883/05/23/archives/mrs-roeblings-skill-how-the-wife-of-the-brooklyn-bridge-engineer.html

Ese mismo mes, en esa misma ciudad, otra neoyorquina dejaba testimonio de la capacidad de otras muchas mujeres para crear soluciones a problemas reales a través de la ingeniería. Lo hacía desde las páginas de la revista *The North American Review* en su artículo «Woman as an inventor». Era Matilda Joslyn Gage, escritora y activista por los derechos de las mujeres y las personas negras. En su ensayo, reflexionaba sobre la contribución de las mujeres en el campo de la invención y la tecnología, desafiando la idea social sostenida por el darwinismo de la época, según la cual las mujeres carecerían de genio inventivo o mecánico. Y para argumentarlo, recurrió a la mitología en diferentes culturas que coinciden en conceder a las diosas la capacidad para solucionar problemas reales relacionados con la supervivencia humana. La invención de la agricultura de Isis, en Egipto, o la sabiduría de Minerva, en la tradición grecolatina, y su equivalente indú Surawatí, son algunos de los ejemplos utilizados por Gage y ampliados reseñando las contribuciones de sus contemporáneas.

Concretamente, el artículo de la revista *The North America Review* menciona la máquina de desmotadora de algodón diseñada por Catharine Littlefield Greene, la máquina de bolsas de papel de Maggie Knight y el dispositivo para reducir el ruido de los ferrocarriles elevados de Mary E. Walton. Ninguna de ellas había recibido el reconocimiento del que eran merecedoras debido, a juicio de Gage, a la falta de derechos sobre sus propias invenciones y la necesidad de que sus patentes fueran registradas a nombre de sus esposos.

El hecho de que las leyes de la propiedad intelectual imposibilitaran a las mujeres registrar sus trabajos creativos (esto afectaba de la misma manera a inventoras que a artistas) no fue exclusivo de los Estados Unidos. La falta de derechos civiles y políticos de las mujeres en los Estados liberales, primero, y en las democracias, después, fue el caldo de cultivo perfecto para la amnesia generalizada que ha mantenido a las mujeres fuera de la Historia de la creación científica. Dicho de otra forma: no es que las mujeres no contribuyeran al avance del conocimiento y de las artes o al desarrollo de las sociedades; es que cuesta encontrar fuentes históricas «oficiales» que lo demuestren. Por eso, el empeño de Matilda Joslyn Gage en hacerlas visibles en 1883. Y, por eso, tan necesario el trabajo de quienes, casi un siglo y medio después, deciden recuperar sus contribuciones buscando en fuentes menos convencionales para completar el relato histórico con la mitad de la Humanidad que ha sido invisibilizada o borrada, como señala la historiadora Margaret Rossiter, quien acuñó el término «Efecto Matilda», para nombrar en honor a Matilda Joslyn Gage, el borrado sistemático de las mujeres en la Historia de la Ciencia.

La construcción del Puente de Brooklyn fue un verdadero reto para el que hizo falta que pasaran 14 años y murieran más de una veintena de trabajadores, incluido el autor del diseño, John Roebling. En su planteamiento se aplicaron los conocimientos matemáticos más avanzados y se emplearon materiales desarrollados gracias al avance de la ciencia y la tecnología. Fue el primer puente en el que se utilizaron cables de acero para soportar el peso, en combinación con las torres góticas de piedra que los sostienen cimentadas sobre el lecho del East River.

El nombre de Emily Warren Roebling no quedó registrado oficialmente en los archivos técnicos (planos, contratos...) del puente, aunque todas las crónicas recogieron su presencia en el acto oficial de inauguración y su papel en la dirección de las obras. La reclamación de Matilda Joslyn Gage sobre la necesidad de nombrar a las mujeres quedó resuelta, en el caso de Emily, 28 años después de su muerte, cuando el Club de Ingenieros de Brooklyn instaló una placa en el extremo Este del puente en la que se lee: «Los constructores del puente en memoria de Emily Warren Roebling (1843-1903) cuya fe y valentía ayudaron a su triste esposo, el coronel Washington A. Roebling (1837-1926), que completó la construcción de este puente según los planos de su padre John A. Roebling (1805-1869), quien entregó su vida por el puente. Delante de toda gran obra podemos encontrar la devoción abnegada de una mujer». Solo hay que saber encontrarla, añadimos.

LAS CALCULADORAS DE HARVARD Y LA REVOLUCIÓN DE LA ASTRONOMÍA

Natalia Ruiz Zelmanovitch

LOS PREMIOS NOBEL NO SE DAN
A TÍTULO PÓSTUMO

Tomaron la decisión a principios de la década de 1970, tras haber concedido, de manera consciente y sabiendo que los galardonados habían fallecido, dos premios, uno de Literatura y otro de la Paz. La dotación económica (junto con la medalla de oro grabada de 18 quilates) fue a parar a los herederos de los premiados. Pero hubo varios debates y, a partir de ese momento, decidieron no considerar para el premio la obra de una persona que hubiera muerto.

En una tercera ocasión, ya en el año 2011, el galardonado (esta vez en Medicina) había fallecido tres días antes de la comunicación oficial... Decidieron dárselo de todos modos, dadas las circunstancias especiales.

El caso de Henrietta Swan Leavitt ni siquiera se acerca a este último ejemplo, probablemente porque las comunicaciones en aquella época no eran tan ágiles como ahora y porque, no nos engañemos, si eras mujer y hacías ciencia de la manera tan discreta en que ella lo hizo, tu deceso no iba a desencadenar la publicación de ningún obituario a dos páginas en los diarios de mayor tirada mundiales.

El Observatorio de Harvard recibió la propuesta para el Nobel dirigida a Henrietta Leavitt cuando ya llevaba cuatro años muerta y enterrada en el cementerio de Cambridge, en Estados Unidos. Envió la carta un reconocido matemático sueco, Gösta Mittag-Leffler, y la recibió y leyó el que fuera el director del Observatorio por aquel entonces, Harlow Shapley. Este señor dejó caer la idea de que igual él merecía más el Nobel que ella porque había sabido interpretar el descubrimiento de Leavitt, a la que, casualmente, cambiaron de proyecto tras publicar el artículo que la hubiera hecho merecedora del Nobel, en el que además firmaba de forma tangencial, aunque de todo eso hablaremos más adelante. Por lo menos Shapley tuvo la deferencia de informar a los familiares de Leavitt de que su trabajo era tan brillante que merecía un premio de esa categoría.

Leavitt venía de una familia muy devota; su padre era reverendo congregacionalista. Henrietta fue la mayor de siete hermanos (de los cuales dos fallecieron siendo pequeños) y en su casa la educación se consideraba muy importante. De hecho, estudió en la Sociedad para la instrucción colegiada de mujeres (que más tarde se conocería como Universidad de Radcliffe) y obtuvo el equivalente a una Licenciatura en Humanidades. El equivalente porque, en aquella época, las mujeres no podían tener documentos acreditativos iguales a los de los hombres: le dieron un certificado. Solo por ser mujer se le negaba el derecho a, con los mismos estudios, tener la misma acreditación. Esto podría explicarse si pensásemos que a una persona licenciada, con la titulación oficial, habría que pagarle un sueldo (y a ver si la vamos a liar pagando a las mujeres lo mismo que a los hombres).

El tío de Henrietta, Erasmus Darwin Leavitt, era un reputado ingeniero y es posible que influyera de algún modo para que la aceptaran en el Observatorio de Cambridge, donde trabajó gratis durante un par de años, recién cumplidos los 25. Tal y como recoge George Johnson en su libro *Antes de Hubble, Miss Leavitt*, hay muy poca información sobre la vida de Henrietta Leavitt. Sabemos que tras esos dos años trabajando a coste cero viajó por Europa otros dos años, luego volvió a Estados Unidos para incorporarse como ayudante en el Beloit College (en Wisconsin) y finalmente escribió al que fuera el director del Observatorio, Edward Charles Pickering, solicitando volver y seguir con su trabajo, lo que hizo finalmente en 1902, esta vez cobrando.

Fue descrita por una compañera como la mente más brillante del observatorio. Porque esta señora, junto con el resto de sus compañeras, trabajó analizando placas fotográficas a ojo. Sin haber pisado un telescopio en su vida. O sea, que el romanticismo de la observación, la emoción de poner el ojo en el ocular y ver lo que los telescopios de la época permitían observar, esa sensación de descubrimiento directo... ni de refilón. No había mérito en el hecho de pasarse horas con una lupa comparando placas tomadas de la misma zona para determinar los cambios en los objetos que quedaban plasmados. Imágenes que, a nuestros ojos, parecerían manchas, negro sobre blanco. Una a una. Cada día. Durante siete horas. Con un día de descanso a la semana y un mes de vacaciones, eso sí. La cuestión es que tanto Miss Leavitt como el resto de mujeres que trabajaba en el Observatorio de Harvard cobraban menos que los hombres. Prácticamente la mitad. Porque lo que hacían no tenía magia. Era un ejercicio mecánico y repetitivo. Algo que sí podían hacer las mujeres, en palabras del propio Pickering. Porque ellos ya se encargaban de lo de pensar.

Sin embargo, la historia ha corroborado que estas mujeres bullían de creatividad. Provenían de distintos estratos sociales y poseían distintos tipos de formación, cuando la tenían. Henrietta sería lo más parecido a lo que hoy conocemos como una persona «de letras». No estudió Física (asignaturas sueltas sí, pero no se centró en ramas de ciencias), como alguna de sus compañeras que, igual que ella, habían ido a la sección femenina de algunas universidades, porque eso de juntar a las señoras con los señores y dejar que ellas estudiaran sentadas en la misma sala era algo inconcebible. Con decir que algo lo había hecho o dicho una mujer era suficiente para desacreditar cualquier propuesta, idea o trabajo.

Si los fantásticos trabajos de estas mujeres, muchas de ellas silenciadas, ninguneadas y anonimizadas durante años, han llegado a nuestros días es porque destacaron tanto que su brillantez era imposible de apagar. Y vamos a ver algunos ejemplos.

Gran parte del trabajo de todas estas mujeres, conocidas como las «computadoras de Harvard» (o, de forma más despectiva, como el «harén de Pickering»), giró en torno a la confección de un ambicioso catálogo de estrellas que fueron clasificadas por su posición y su brillo, el Catálogo Henry Draper, llamado así por el hombre que lo inició y por la importante donación que hizo su viuda, Ann Draper, para que se continuara con su trabajo (400 000 dólares de la época, una barbaridad).

La historia de los Draper es fascinante (para conocerla mejor les recomiendo el libro de Dava Sobel *El universo de cristal, la historia de las mujeres de Harvard que nos acercaron las estrellas*). Ambos se dedicaron durante años a observar las estrellas con sus propios telescopios y fueron pioneros en astrofotografía. La pareja tenía un telescopio refractor de 11 pulgadas y un reflector de 28. La diferencia entre ambos tipos de telescopio es que el refractor utiliza lentes y el reflector utiliza espejos. Podía llevar años pulir un vidrio y aplicar después la capa reflectante de manera que la imagen recibida fuera fiel reflejo del cielo nocturno. La astronomía de la época se benefició de los avances tecnológicos tanto en fotografía como en la propia instrumentación y calidad de los telescopios. Cuando falleció su esposo, la señora Draper creó un fondo conmemorativo para finalizar la tarea y donó ambos telescopios al Observatorio de Harvard. El «inconveniente» ante todos estos avances era el enorme número de placas fotográficas que empezaron a llegar al observatorio y la necesidad de analizarlas. Hacía falta mucha mano de obra (a poder ser, barata). Y mucha organización.

De esto último (y de más cosas) se encargó Williamina Patton Stevens Fleming, una señora de los pies a la cabeza. Se casó con James Orr Fleming a la edad de 20 años y ambos emigraron de Gran Bretaña a Estados Unidos. Su marido la abandonó estando embarazada (imaginen el estigma en aquella época) y, aunque había tenido experiencia como maestra (en un modelo educativo en el que los estudiantes mayores enseñan a los más pequeños), entró a trabajar como empleada de hogar en la casa de Pickering. Por estas cosas de la vida, sin tener formación en Física, acabó dirigiendo a las grandes figuras que se iban concentrando en aquel hervidero de cerebros brillantes. Todo porque, en un ataque de ira, Pickering exclamó que su asistenta sería capaz de dirigir el observatorio mejor que el asistente que lo hacía en aquel momento. Parecería un insulto si no fuera porque tenía toda la razón, aunque no olvidemos que su intención era insultar al pobre asistente.

La señora Patton[4] se convirtió en la gestora de todas aquellas mentes que acabarían estableciendo las bases de la astronomía moderna. El primer gran empujón al catálogo Henry Draper fue gracias a su increíble esfuerzo y a su capacidad a la hora de elegir un sistema de ordenación que permitiera localizar de forma ágil cualquier placa fotográfica. Además, incorporó más de 10 000 estrellas al catálogo, identificando objetos como novas, nebulosas o estrellas variables. Fue la primera persona en identificar una enana blanca, los restos de una estrella moribunda

---

4   Recuperamos el nombre de soltera de Williamina Fleming, como habitualmente se la ha conocido. Lo hacemos como reconocimiento a su individualidad, independiente del marido que terminaría por abandonarla embarazada de su hija.

que suelen estar rodeados de gas y polvo y cuyo conjunto conocemos como «nebulosa planetaria», aunque no tenga nada que ver con planetas. Las placas fotográficas llegaban en cajas a tal ritmo que pronto necesitaron construir un edificio solo para almacenarlas. A las placas que llegaban del telescopio del Monte Wilson se unieron las que obtenía el telescopio promovido por Pickering en Arequipa (Perú), dirigido por su hermano pequeño, William Henry Pickering. Aquello se convirtió en una tarea titánica que fue posible emprender gracias a varias donaciones, entre ellas también los fondos de Ann Draper. Así que, con tanta placa fotográfica, sin alguien que pusiera orden y facilitara el acceso a la información ya registrada (como en una biblioteca) aquello habría sido un caos.

Patton tenía tanto trabajo que le pidió a Pickering un aumento de sueldo, a lo que este respondió que demasiado bien cobraba para ser mujer. Es cierto que ya le pagaban más que al principio, pero también es verdad que acabó teniendo una responsabilidad enorme. Murió con tan solo 54 años, tras haber conseguido ser, entre otras cosas, la primera mujer nombrada miembro honorario de la Royal Astronomical Society.

Dentro del grupo de calculadoras, las primeras que se beneficiaron de los fondos Draper fueron Patton y otras dos compañeras, Cannon y Maury. Empecemos por la gran Annie Jump Cannon, reconocida en vida por sus trabajos y que también pasó por la Universidad de Radcliffe para mujeres. Cannon inventó el mítico OBAFGKM, una forma de clasificar a las estrellas por su brillo que sigue utilizándose a día de hoy y que tenía una regla mnemotécnica: «*Oh, Be A Fine Girl, Kiss Me*» (algo así como «Oh, sé buena chica y bésame». Hay otras versiones menos invasivas). Ella, que había estudiado primero Biología, Química y Matemáticas y más tarde Física y Astronomía en el Wellesley College (oh, sorpresa, otra institución para mujeres), tenía como misión en el observatorio la clasificación de los espectros de las estrellas (más de 1000) para hacer un mapa del cielo. Tomó el testigo del Catálogo Henry Draper tras el primer empujón dado por Miss Patton, hasta el punto de que casi se considera obra suya. Mientras lo elaboraba, vio, junto con algunas de las compañeras del laboratorio, que el sistema de clasificación no resultaba práctico y modificó el diagrama que utilizaban. Antes que ella, Miss Patton había considerado más eficiente organizarlas por la cantidad de hidrógeno que contenían. Pero no paraban de surgir diferencias que hacían necesarias subclasificaciones. Cannon terminó ordenando las estrellas por su color (es decir, su temperatura), desde el blanco azulado hasta el rojo, simplificando el método anterior y creando la que hoy se conoce como clasificación espectral de Harvard, adoptado oficialmente por la Unión Astronómica Internacional en 1922. Fue la primera mujer en obtener un doctorado en Astronomía en la Universidad de Groningen (Países Bajos).

La señora Cannon fue, además de una gran científica, una mujer comprometida con el feminismo de su época, sufragista y miembro del Partido Nacional de Mujeres[5]. También fue una gran aficionada a la fotografía (lo que sin duda ayudó a la hora de analizar las placas) y ella sí llegó a observar el cielo con un telescopio, cuando ya era una consagrada astrónoma. Fue la primera mujer en recibir un título honorífico por parte de la Universidad de Oxford y también la primera en recibir la Medalla de Honor Henry Draper, entregada por la Academia Nacional de Ciencias estadounidense. Esta medalla se entrega cada 4 años, pero hasta 1989 no volvió a concederse a una mujer.

---

5   La Liga nacional de mujeres votantes de Estados Unidos la eligió como una de las 12 mujeres vivas más influyentes del año 1923.

Nunca se casó. No la nombraron «astrónoma» de manera oficial. A pesar del ingente esfuerzo, su nombre ni siquiera aparecía como coautora del famoso catálogo pese a que, en menos de cuatro años, había hecho un mapa del cielo austral de más de medio millón de estrellas (les ruego que paren a pensar: medio millón de estrellas, una a una). Tuvo que cumplir 74 años, con toda una trayectoria brillante y reconocida, para que la nombraran en 1938 profesora permanente en el Observatorio. Finalmente, su nombre apareció como coautora del catálogo. Falleció a los 77 años y dicen que siguió observando estrellas pese a haberse jubilado un año antes.

Es interesante ver que, antes de ser nombrada profesora de manera oficial, ya se había creado un premio con su nombre: desde 1934 se entrega anualmente el premio Annie Jump Cannon en Astronomía, otorgado aún hoy por la Sociedad Astronómica Americana a mujeres que hayan desarrollado un trabajo científico destacado o fundamental para futuras investigaciones y estén en los cinco primeros años de su etapa postdoctoral.

De hecho, una mujer de este grupo de «computadoras», Cecilia Payne-Gaposhkin, ganó el premio Annie Jump Cannon en su primera edición y fue, además, quien recogió el testigo de Cannon para seguir adelante con su trabajo. Cecilia Payne, británica, estudió Botánica, Química y Física y fue tras una conferencia de Eddington, en la que presentaba los resultados de la expedición del eclipse de 1919, cuando decidió dedicarse a la Astronomía. Dado que en Gran Bretaña no veía muchas oportunidades de alcanzar su objetivo (y sus salidas se limitaban a terminar dando clases), decidió emigrar a Estados Unidos persiguiendo su sueño. Se trasladó al Observatorio de Harvard en 1922 y en 1925 publicó su tesis doctoral (aunque no había programa de Doctorado como tal en astronomía) titulada *Atmósferas estelares*. Con esa aparente simpleza estableció la uniformidad de la composición química del universo. Utilizando, entre otras cosas, la colección de espectros estelares que sus compañeras habían ido analizando, dejó claro que había una abundancia de hidrógeno y helio en todo el cosmos y que las estrellas están principalmente compuestas de hidrógeno. Su tesis fue definida por otro astrónomo, Otto Struve, como la tesis más brillante jamás escrita en Astronomía. Aun así, a la comunidad astronómica (recordemos, compuesta principalmente por hombres) le costó años aceptar y reconocer este trabajo, cuyas conclusiones fueron calificadas como «absurdas» por otro astrónomo, Henry Norris Russell. Una de cal y otra de arena.

En definitiva, fue la primera persona en doctorarse en el ya mencionado Radcliffe College, la sección para mujeres de la Universidad de Harvard, creada en 1879 e integrada en 1999 (aunque ya antes se habían «fusionado» de algún modo). No deberíamos olvidar el valor extraordinario de instituciones como Radcliffe, que lucharon por la integración de las mujeres en la educación. Ni el valor de los nombres que utilizamos para definir las cosas o para definirnos a nosotros mismos, a nosotras mismas. Como hizo Cecilia Payne-Gaposhkin.

En 1933, Cecilia Payne decidió viajar por Europa. En un congreso científico celebrado en Alemania conoció al que se convertiría en su esposo y con quien tendría tres hijos, el astrofísico Sergei I. Gaposhkin. Pero Payne decidió no perder su apellido de soltera, como era costumbre en la época, sino que lo unió al de su marido con un guion. Tal vez porque ya tenía una trayectoria científica y cambiar de nombre supone un trastorno a la hora de reconocer tus trabajos (a quien tuviera la suerte de que le fueran reconocidos, que de eso también habrá mucha tela que cortar). O tal vez, simplemente, porque se negó a perder o ceder su identidad. Pues con tesis y todo, con trayectoria reconocida, con trabajos impactantes... no fue nombrada astrónoma hasta 1938.

En general, las mujeres del grupo no tenían un puesto definido, nada oficial. No fuera a ser que hicieran algo brillante y hubiese que reconocerlo y, por supuesto, pagarles por su trabajo lo que realmente merecían. Payne-Gaposhkin fue la primera profesora asociada de Harvard (fue nombrada en 1956) y, lo que son las cosas, en 1977 recibió, por parte de la American Astronomical Society, un gran honor: la *lectureship* (un premio que incluye dar un discurso) que llevaba el nombre del señor Henry Norris Russell, quien años antes había calificado sus conclusiones como absurdas. En la larga lista de galardonados es la primera mujer que lo obtuvo (solo 7 mujeres premiadas en sus 77 ediciones, dicho sea de paso). Falleció en 1979, con 79 años y una trayectoria excepcional. Aunque llamar excepcional a alguien que se movió entre mujeres excepcionales puede parecer absurdo (aquí iría un guiño al señor Norris, claro).

Volviendo al premio Annie Jump Cannon (y al núcleo de mujeres que empezaron a trabajar en el Catálogo Henry Draper), otra de las astrónomas de este grupo ganadora de este galardón, en 1944, fue Antonia Maury, que creció en una familia donde destacaba el interés por las ciencias (su hermana pequeña fue una destacada paleontóloga) y era nieta y sobrina de astrónomos: precisamente el promotor del Catálogo, Henry Draper, era su tío. Tal vez por eso se permitía discrepar con el director en aquel momento, Pickering, con quien tenía sus diferencias. De hecho, se fue durante una temporada y luego regresó (se acabó jubilando en el Observatorio, aunque ya bajo la dirección de Harlow Shapley).

Maury mejoró el sistema de clasificación estelar de Annie Jump Cannon. Al principio, esto generó malestar en el director, que lo único que esperaba de las mujeres que trabajaban allí era que siguieran sus órdenes, no que pensaran y tuvieran ideas (vamos, por favor). Sin embargo, los cambios que Maury introdujo en el sistema de Cannon acabaron siendo fundamentales, aunque tardó lo suyo. Treinta años después (que se dice pronto) un científico descubrió que lo que él creía haber llevado a cabo ya lo había propuesto Maury: un sistema de subclasificación que tenía en cuenta la diferencia de luminosidad en estrellas del mismo color. Finamente, el diagrama que hoy conocemos como de Hertzsprung-Russell bebió de la propuesta de Maury hasta el punto de que el mismo Hertzsprung reconoció su trabajo como fundamental para la comprensión y clasificación de las estrellas. Es increíble cómo el hecho de silenciar grandes ideas puede retrasar los avances, tanto en ciencia como en el resto de campos de la vida. Retrasar o incluso eliminarlos por completo. Cuántos avances, cuántos talentos y cuánta brillantez nos habremos dejado por el camino debido a los prejuicios.

Maury había estudiado en el Vassar College que, como podrán imaginar, era una institución educativa solo para mujeres. De hecho, en Estados Unidos, las primeras instituciones privadas que educaban solo a mujeres se conocen como las *Seven Sisters* (las siete hermanas) y cinco de ellas siguen siendo exclusivamente para ellas. Tanto Radcliffe como Vassar son mixtas (esta última desde 1969). Entre su profesorado se encontraba una de las primeras mujeres en ser reconocida como astrónoma y como profesora: María Mitchel. Con una trayectoria impresionante, tras un tiempo dando clases se enteró de que tanto ella como una compañera profesora cobraban menos que sus compañeros varones. Algo que sigue siendo habitual en muchos entornos.

Pero volvamos al grupo de mujeres del Observatorio de Harvard. Al comenzar la justa recuperación y reivindicación de los nombres de las mujeres que formaban las

«Computadoras de Harvard», hay muchos otros nombres que no han recibido la misma atención que sus compañeras, como Anna Winlock, Florence Cuchman o Evelyn Leland. Puede deberse a que no se ha investigado lo suficiente o a que sus trabajos no fueron tan destacados, pero hay algo que debemos recordar: la ciencia es un trabajo en equipo. No podemos negar los trabajos, los destellos y los descubrimientos individuales, pero nada de esto sería posible sin el esfuerzo conjunto de numerosas personas. En ciencia, como en muchos otros campos, caminamos sobre hombros de gigantes.

Quiero imaginar que el ambiente en el Observatorio de Harvard, en ese silencioso bullicio de mujeres analizando placas fotográficas, una tras otra, era bueno. Me imagino a estas mujeres concentradas, a veces charlando, a veces mirándose, discutiendo, sonriendo, bajo la atenta mirada de Miss Patton. Debatiendo sobre cómo clasificar esas estrellas de una forma ordenada, con sentido. Naciendo así, de una tarea metódica, pero colosal, el germen de ideas sobre cómo era, en realidad, el universo que empezaban a observar en aquellas placas, negro sobre blanco.

De entre todas estas mujeres, debo reconocer que tengo cierta debilidad por Henrietta Swan Leavitt, tal vez porque tenemos muy poca información sobre ella.

En el año 2009 se estrenaba en Tenerife la obra de teatro *El honor perdido de Henrietta Leavitt*, escrita por Carmen del Puerto Varela. En ella, la autora fantasea con una especie de limbo atemporal en el que Cannon y Leavitt son entrevistadas por el periodista Edward R. Murrow (algo imposible, ya que ellas murieron mucho antes). Cannon y Leavitt fueron, además de colegas, amigas. Y recopilando los pocos datos sobre la vida de Leavitt, Del Puerto arma una historia en la que un diario secreto es el hilo conductor. En él plasma todos sus anhelos y descubrimientos, imaginados los primeros, reales los segundos. Y el diario acaba destruido al final de la obra. Todo lo que podría haber sido casi desaparece. Casi. Porque Henrietta Leavitt descubrió la primera forma de medir grandes distancias en el universo.

El 3 de marzo de 1912 se publicaba como circular 173 y con el título *Periods of 25 Variable Stars in the Small Magellanic Cloud* (Periodos de 25 estrellas variables en la Pequeña Nube de Magallanes). Era un artículo de tan solo tres páginas que haría tambalearse todos los cimientos de la astrofísica de la época. Firmado por el director, Edward Pickering, en las primeras líneas el texto, tras el título, se indica «The following statemente regarding the periods of 25 variable stars in the Small Magellanic cloud has been prepared by Miss Leavitt» (La siguiente afirmación sobre los períodos de 25 estrellas variables en la Pequeña Nube de Magallanes ha sido preparada por la señorita Leavitt).

En el artículo hay una frase absolutamente impactante sobre las estrellas variables que podría haber pasado desapercibida: «las más brillantes tienen los periodos más largos». Había establecido una relación entre su periodo y su luminosidad. Pero vayamos por partes.

Una estrella variable es una estrella que, para nosotros, los observadores, cambia de luminosidad de forma más o menos constante. Algunos casos son extrínsecos y se deben, por ejemplo, a objetos que pasan por delante y hacen que, en apariencia, para el observador disminuya la intensidad del brillo de la estrella (como ocurre con los tránsitos, cuando un objeto pasa entre la estrella y nosotros y hace que baje su luminosidad). Otras, sin embargo, lo hacen de forma intrínseca y aumentan o disminuyen su brillo por distintos motivos, como puede ser la contracción y expansión de la estrella. Muchas de ellas tienen un ciclo «fijo», es decir, se pueden medir con bastante precisión los periodos de fluctuación de estas estrellas. Henrietta estudió, en concreto, una serie de estrellas variables: las cefei-

das, llamadas así porque el primer astrónomo que oficialmente descubrió una estrella de este tipo, John Goodricke,
la localizó y determinó su variabilidad (a ojo) en la zona del
cielo conocida como Delta Cephei.

Las cefeidas son el tipo de estrella variable más estable,
por lo que se pueden utilizar como referencia. Esto es lo
que revolucionó la astronomía de la época para siempre.
Pero, ¿por qué?

Hasta aquel momento había una gran discusión sobre
el tamaño del universo, sobre si lo que se veía en el fir-
mamento eran solo estrellas o si, por el contrario, existían otras galaxias además de la nuestra. Por aquel entonces, las opiniones se dividían en dos grupos representados
por Harlow Shapley y Herbert Curtis. Se conoció como
el «Gran debate» y fue una discusión acalorada (que tuvo
lugar el 26 de abril de 1920 en el Museo Nacional de
Historia Natural de los Estados Unidos, en Washington
D.C.) sobre si las hoy conocidas como nebulosas formaban
parte de nuestra galaxia o no.

Justo un año después del debate, Shapley fue contra-
tado como director del Observatorio (tras el fallecimiento
de Edward Pickering, en 1919, y de la propia Henrietta
Leavitt, en 1921). En el debate defendió que solo había una
galaxia y que las nebulosas y otros objetos formaban parte
de ella. Utilizó las cefeidas (de hecho, durante parte de su
carrera se centró en ellas) para sus estudios de cúmulos
globulares y fue de los primeros que estableció que las
variaciones de las cefeidas eran intrínsecas (le pedía insis-
tentemente a Pickering los estudios de Leavitt para hacer
sus propios trabajos).

Y, pese a toda la información de la que disponía, Shapley
mantenía que solo existía la Vía Láctea. La misma persona
que dijo que merecía el Nobel porque él sí había sabido
interpretar el descubrimiento de Leavitt.

Hasta que llegó Edwin Hubble en 1924 y, gracias a los trabajos previos de Leavitt, determinó que de galaxia única nada. Que la Vía Láctea era solo una galaxia más entre muchas. Hubble le contaba esto a Shapley en una carta, explicándole que había descubierto cefeidas en la nebulosa Andrómeda, por lo que había podido medir la distancia y que estaba tan lejos que no podía tratarse de nuestra galaxia. Fue un mazazo para Shapley.

Hubble había utilizado las estrellas variables cefeidas estudiadas por Leavitt como «candelas tipo», como una regla para medir el universo. Su estabilidad en la relación periodo-luminosidad las convertía en la herramienta perfecta para estudiar objetos lejanos. Usándolas como referencia por su comportamiento repetitivo, se podía saber las escalas de distancias tanto dentro como fuera de la galaxia: «las más brillantes tienen los periodos más largos».

Y así, con esa frase, el universo dobló su tamaño.

Nadie entiende muy bien por qué apartaron a Leavitt de las cefeidas. Poco después de publicar su trabajo, Pickering le encargó que trabajara en otro proyecto, la Secuencia polar boreal, a la que se dedicó en cuerpo y alma. Es como si, hecha ya la tarea analítica y de recopilación de datos, su trabajo hubiese terminado. A otra cosa. Como si lo de pensar (como realmente ocurrió) fuese ya tarea de otros (con «o»). En cierto modo, sus compañeras pensaban que era una forma de degradación o de castigo. Nunca lo sabremos.

Dice Debra L. Davis (editora de la página web «The women astronomer», que recopila información sobre mujeres astrónomas) que Pickering contrató a unas ochenta mujeres durante su etapa como director en el Observatorio de la Universidad de Harvard. Y dice, sobre el modo despectivo en que las llamaban, «harén de Pickering», lo siguiente: «parece más que una coincidencia que la palabra harén se derive de la palabra árabe harim, que significa lugar prohibido. Pickering permitió que las mujeres estuvieran en un lugar prohibido, un observatorio, y aunque desalentó su propia investigación individual, abrió las puertas de más maneras de las que podría haber imaginado». Coincido con Davies en esta última afirmación. De forma involuntaria abrió las puertas de la Astronomía a las mujeres porque salían más baratas, porque eran buenas para hacer «tareas mecánicas», porque la coyuntura histórica y la donación de Ann Draper le vinieron de maravilla para su carrera (y la de su hermano, que recordemos que terminó dirigiendo el Observatorio de Arequipa, en Perú) y porque, pese a desalentar la investigación individual, no consiguió oscurecer el brillo de tantas mujeres que, agachadas sobre un ocular, sentaron las bases de la Astronomía moderna.

CANNON Y LEAVITT

Annie Jump Cannon y Henrietta Leavitt fueron, además de colegas, amigas. Afortunadamente, Cannon sí dejó escritas cartas y se conservan archivos tanto de su trabajo como de su vida privada. Ambas padecían sordera. Leavitt probablemente la desarrolló tras pasar alguna enfermedad en la infancia o adolescencia (el hecho de que estudiara música parece confirmar que se quedó sorda llegando a la edad adulta). Por su parte, Cannon se quedó sorda tras pasar la escarlatina, ya en la treintena. En la obra de teatro El honor perdido de Henrietta Leavitt se plasma esta característica con varias bromas entre ellas (de hecho, la última representación, que puede verse online, está signada, pensando en las personas con discapacidad auditiva).

Es curioso cómo esta obra muestra dos perfiles de dos mujeres, una de ellas reconocida y admirada al final de su carrera; la otra, tan discreta que pasó por la vida casi de puntillas.

En abril de 1941, Associated Press publicó en Cambridge (Massachusets, EE. UU.) un amplio obituario por la muerte de Cannon, destacando sus trabajos en Astronomía: «Annie Cannon dies. Famous astronomer». Sin embargo, de la muerte de Henrietta solo tenemos las palabras de su colega astrónomo Solon Bailey, quien destacó de ella (además de su ciencia), que «tenía la capacidad de apreciar todo lo que era digno y amable en los demás, y poseía una naturaleza tan llena de luz que, para ella, toda vida se volvía hermosa y llena de significado».

Leavitt, que siempre tuvo una salud delicada, murió a causa de un cáncer de estómago el 12 de diciembre de 1921, un lunes, a las 10:30 de la noche. La propia Cannon plasmó en su diario los últimos días de Henrietta, reflejando el profundo dolor que le causó la muerte de su compañera.

El diario de Cannon también refleja la lista de objetos que Leavitt dejó a su madre tras su muerte. Todo resumido en un puñado de líneas desalentadoras: unos muebles, una alfombra, libros... una vida entera de trabajo para dejar una cantidad irrisoria que no llegaba a los 350 dólares. Porque sí, su legado va mucho más allá, pero ojalá estas mujeres, trabajadoras incansables, hubiesen cobrado lo mismo que sus compañeros hombres. Finalmente, me quedo con la escena de la obra en la que Cannon reivindica el trabajo de su amiga, el momento en el que suspira al recordar la primera vez que pudo, ella sí, observar con un telescopio: «Recuerdo que un año después [de tu muerte] visité la estación de Arequipa en Perú y el telescopio con el que se obtuvieron las placas de las Nubes de Magallanes que tú analizaste. Y vi esas Nubes, Henrietta, tan brillantes en el cielo. Lloré pensando en ti, ¡lo que hubieras dado por verlas!». Estas últimas frases son ficción. Una recreación de lo que pudo sentir Cannon la primera vez que pudo observar el cielo con un telescopio. Pero en enero de 1941, unos meses antes de morir, Cannon participaba en el programa de radio del Observatorio de Harvard (una serie de charlas radiofónicas en directo) a través de la emisora WR.UL, con el programa *The Story of Starlight* (*La historia de la luz de las estrellas*). Porque Cannon, además de hacer ciencia, la contó. En el programa, Cannon habla de las maravillas del cielo, de los descubrimientos y la pasión que despierta la Astronomía y afirma que todos los astrónomos y las astrónomas deberían poder ver el cielo alguna vez (a través de un telescopio). Es fascinante el punto en el que llega a las Nubes de Magallanes: «Las Nubes de Magallanes han proporcionado emocionante y estimulante material de estudio a las mujeres del Observatorio de Harvard. La señorita Leavitt, hace unos 35 años, descubrió 1800 estrellas variables entre los débiles objetos de las dos Nubes, y desde entonces se han descubierto otras 500».

El programa se cierra reivindicando que a todos nos cubre el mismo cielo y que «hacemos todo lo posible para aumentar la suma del conocimiento humano en lo que respecta a la Historia de la Luz de las Estrellas».

Los Premios Nobel no se dan a título póstumo.

LAS MATEMÁTICAS Y LA CONQUISTA DE OTROS MUNDOS: DE AMÉRICA A LA LUNA

Clara Grima Ruiz

¡Qué te gusta un viaje, chiquilla! Me decía siempre mi abuela Clara. ¿Y a quién no?, solía responder yo. Claro que entonces, como estábamos un poco tiesos en casa, yo viajaba más bien tirando a poco, la verdad. Hoy, con muchos kilómetros y muchas noches solitarias en hoteles de los cinco continentes en mi haber, mi respuesta no sería la misma. Creo.

Somos humanas y una de las características de los seres humanos, desde nuestros primeros ancestros, es que siempre nos hemos desplazado. Ello nos ha permitido ir ocupando casi todos los rincones de nuestro planeta e, incluso, desde tiempos recientes, hemos empezado a salir de él. Pero no, hoy no me senté a escribir con la intención de juzgar la bondad o no de esa ocupación. No es cuestión simple para nadie y mucho menos para mí. Lo que me propongo es tratar de contarles cómo nos hemos valido de las matemáticas para ir desplazándonos de un sitio a otro de la forma más eficiente posible. En función, claro está, de las herramientas de las que se disponía en cada momento.

Sí, cero sorpresas: yo he venido a este libro a hablar de mis matemáticas. Vamos allá.

¿Qué han hecho las matemáticas por nuestros viajes? Se podría preguntar alguien parafraseando a aquellos maravillosos (e ineficientes) rebeldes de *La vida de Brian*. Voy a tratar de responder a esta pregunta, no de forma exhaustiva (porque necesitaríamos no un libro, sino varios volúmenes), sino haciendo un pequeño viaje a través de la presencia de las matemáticas en nuestros desplazamientos sobre la Tierra y más allá.

Es cierto que, al principio de nuestra existencia, los hombres y las mujeres se desplazaban a pie. Y es cierto también que, a veces, lo hacían de forma un tanto errática: persiguiendo las huellas de alguna presa, tratando de encontrar una fuente de agua o huyendo de alguna otra tribu más belicosa. Desde siempre los cobardes y las mujeres que no solían participar activamente en las luchas han sido un motor de progreso y reconstrucción de las cosas que iban rompiendo los valientes. Pero esto era, como he dicho, solo a veces. No siempre estos desplazamientos eran tan erráticos y es de suponer que por cuestiones climáticas se emprendían migraciones de más largo alcance. Pues bien, aunque elementales, para esas migraciones eran necesarios ciertos conocimientos matemáticos: se dirigían por la posición del Sol al mediodía o por algunas estrellas que supieran identificar, por ejemplo. Y esos recursos fueron casi los únicos disponibles durante decenas de miles de años. Y se apañaron bastante bien, la verdad. Aquí estamos nosotras hablando de ellos y de ellas gracias a su pericia migratoria.

Vamos a dar, por lo tanto, un salto en el tiempo hasta la aparición de la navegación. Las mencionadas herramientas se tuvieron que perfeccionar para navegar, sobre todo cuando los humanos se empezaron a aventurar a mar abierto, sin referencias en tierra que los guiasen. Esos primeros desplazamientos, que permitieron llegar a algunas de las islas del Pacífico, requerían a la fuerza ciertos conocimientos que les permitieran seguir un rumbo fijo y para ello había que saber su poquito de trigonometría, su poquito de mediciones de ángulos. Estoy casi segura de que el conocimiento necesario era muy elemental, cierto, pero tenerlo, lo tenían, porque sería imposible desplazarse a mar abierto sin puntos de referencia, si no se puede saber *grosso modo* (con trigonometría) la posición usando el Sol o algunas estrellas.

Uy, pero si hablamos de ángulos, una de las primeras cosas que nos viene a la cabeza es la circunferencia, ¿no? Tan redondita ella con sus 360°... Las matemáticas, y los matemáticos, representamos, con mucha asiduidad, los ángulos en una circunferencia y, de hecho, muchas veces identificamos un ángulo con su arco sobre la circunferencia. Me paro un momento aquí para recordar la (posiblemente) mayor aportación de las matemáticas en la historia del transporte: la rueda. Nada es tan fundamental en el transporte terrestre como la rueda, ya que energéticamente, por su forma geométrica, es más eficiente que cualquier otro medio de transporte.

Pero volvamos a la navegación, que me derivo antes que un polinomio. Detengámonos en su gran Edad de Oro: los siglos xv y xvi, la época de los grandes descubrimientos. Como habrán escuchado o leído muchas veces, dicha época fue marcada por la búsqueda de vías comerciales entre Europa y el Extremo Oriente. Los países más cercanos a Asia recurrieron a la vía terrestre principalmente. Pero dicho camino le estaba vedado a los más alejados como España (o lo que sería España en un futuro) y Portugal. Así que teníamos que intentarlo por mar. En estas, los portugueses tomaron la delantera y pronto llegaron a la India, y a muchas de las islas del Índico, circunnavegando África por su punto más sureño. Y, en algún sentido, dicho trayecto se convirtió en una especie de monopolio portugués. Pero, ojo, también trataron de explorar el Atlántico (antes de la aparición estelar de don Cristóbal Colón). Varias expediciones portuguesas partieron de su territorio más al oeste: las islas Azores. El problema fue que esos intentos se encontraban de frente con la fuerte corriente del Golfo, la cual frenaba la navegación e impedía avanzar. Así que se volvían y bajaban a rodear África.

Por esta razón, cuando un tal Cristóbal Colón les propuso a los portugueses llegar a la India navegando hacia el oeste, estos le dijeron que ni mijita y se negaron a apoyar el viaje.

La idea de Colón era simple: para llegar al extremo oriente, en vez de bajar por África, doblar el cabo de Buena Esperanza (o el de las Agujas que está un poco más al sur) y cruzar todo el océano Índico, ¿no es mejor navegar hacia el oeste y dar la vuelta al mundo por el otro lado? Pero, en virtud de los fracasos portugueses anteriores, estos le dijeron que eso era imposible.

Sin embargo, la propuesta de Colón era casi correcta y se basaba en dos conocimientos que se tenían desde la época de la Grecia Clásica: la esfericidad de la Tierra y las dimensiones de esta. Sí, desde la Grecia Clásica, hija.

Para calcular el tamaño de la Tierra eran necesarios ciertos conocimientos trigonométricos y era necesario saber que la Tierra era una esfera. Aunque no está claro quién fue el primero que proclamó dicha esfericidad, los argumentos en favor de ella quedaron bien resumidos o recogidos por Aristóteles (384-322 a. C.) que dio las siguientes pruebas en su obra *De caelo*:

1. Había estrellas visibles desde Egipto y [...] Chipre que no se ven desde regiones del Norte.
2. Los viajeros que viajan hacia el sur ven que las constelaciones sureñas se van elevando sobre el horizonte.
3. La sombra de la Tierra sobre la Luna durante un eclipse lunar es redonda.

A estos argumentos se les pueden sumar otros muchos que hemos ido acumulando a lo largo de los más de dos mil años transcurridos, como que hemos circunnavegado la Tierra, que la hemos visto desde el espacio o que podemos llamar a nuestra familia de México a las 10 de la mañana, con el Sol fuera, para escuchar los variopintos insultos que nos dedican por haberlos despertado a las 3 de la madrugada en plena noche para ellos. Pues ni así se convencen algunos de algo que ya les parecía evidente a los buenos de los griegos. Es lo que hay.

Evidentemente, llegar al convencimiento de que la Tierra es esférica condicionaba, en alguna manera, el planteamiento de los viajes de larga distancia en el mar, pero puede que aún más trascendente sea el hecho de que fueran capaces de determinar las dimensiones de dicha esfera. Y en eso parece que hay cierta unanimidad, aunque otros habían dicho algunas cantidades, parece que fue Eratóstenes (276-194 a. C.) el primero que dio una aproximación bastante exacta y justificada.

No se conocen todos los pormenores de los cálculos de Eratóstenes, ni tan siquiera se tiene la certeza de la equivalencia en medidas actuales de la estimación que dio (252 000 estadios), pero sí se sabe lo suficiente para entender que su método era válido y que esos 252 000 estadios se corresponden con un valor que va desde 39 060 a 40 320 kilómetros, ya que la medida del estadio podía variar entre 155 y 160 metros (esto se sabe porque se pueden medir edificios de los cuales los griegos clásicos decían sus dimensiones). Esta medida es sorprendentemente exacta, ya que un meridiano se estima que mide unos 40 008 kilómetros. Por lo tanto, Eratóstenes se equivocó, como mucho, en un 2,4 %. Se ha contado muchas veces cómo realizó dicha estimación y esa narración se ha adornado de mucha leyenda, depende de la poca vergüenza que tenga el que lo cuente. Pero si nos ceñimos a las matemáticas, él supo que en Siena (no la italiana, sino la situada al sur de Egipto, hoy conocida como Asuán) el día del solsticio de verano los rayos solares incidían verticalmente (se reflejaba en los pozos más profundos), eso le llegó a concluir que Siena estaba sobre el trópico de

Cáncer (en realidad estaba a más de 41 kilómetros), mientras que eso no ocurría en su Alejandría.

Para completar su razonamiento era necesario:

1. calcular el ángulo de inclinación de los rayos solares al mediodía del 21 de junio en Alejandría (cosa que es fácil con un simple palo vertical y un metro y algo de trigonometría),
2. asumir que Alejandría y Siena (o Asuán) están sobre el mismo meridiano (en realidad, difieren tres grados: 29°53'33"E y 32°53'59"E)
3. y conocer la distancia entre ambas ciudades. Una de las leyendas dice que Eratóstenes mandó a un esclavo a recorrer a pie la distancia entre ellas (son 843 km, ojo ahí). En sus cuentas, Eratóstenes usó una medida de 924 km. para los cálculos. Se ve que el esclavo se vino arriba contando kilómetros. Aunque, sinceramente, lo más probable es que pudiera encontrar dicha distancia errónea, la de 924 km., en alguno de los ejemplares de la Biblioteca de Alejandría que estaba a su cargo.

Con esos datos, Eratóstenes calculó el ángulo el ángulo del Sol sobre la vertical de Alejandría, que son unos 7,2° y, por lo tanto, bastaba hacer una regla de tres[6] y dividir la distancia entre Alejandría y Siena por esos 7,2° y multiplicar por 360° que constituyen una circunferencia completa para obtener el tamaño de un meridiano de la Tierra.

---

6 Hago aquí otra parada en la historia para recordarles que la regla de 3 no sirve para todo, ¿eh? Traten, si no, de calcular, por ejemplo, la altura que tendrá una chica de 20 años que medía 1,35 m cuando tenía 10 años usando una regla de 3. Eso es, salen 2,70 metros. No, la regla de 3 no sirve para todo como hay quien afirma por ahí.

$$7{,}2° \rightarrow 924 \text{ km} \atop 360° \rightarrow x \text{ km} \Bigg\} \Rightarrow x = \frac{360 \times 924}{7{,}2}$$

Seguimos con nuestro amigo Eratóstenes. Muy amigo, por cierto, también de Arquímedes, una de las primeras personas en dar una aproximación bastante buena del valor del número π, que tan importante ha sido, es y será en nuestros viajes, en particular, y en nuestra vida, en general.

El caso es que puede que, compensando varios errores, su cálculo fue sorprendentemente exacto, como ya se ha dicho. Sin embargo, esos razonamientos fueron repetidos por otros autores con otros datos iniciales, dando lugar a medidas que se ajustaban menos a la realidad. Y uno de esos autores era una persona de gran prestigio como Ptolomeo. Este tomó sus medidas de los cálculos que había efectuado Posidonio y que daban una Tierra considerablemente más pequeña que la de Eratóstenes.

Pues bien, se sabe que Colón, aunque había leído la obra de Eratóstenes, por lo que sea, acabó dando por buena la medida dada por Ptolomeo en su *Geografía*, aceptando con ello que la Tierra era bastante más pequeña de lo que en realidad es. De ahí que no fuera descabellado pensar en llegar a las Molucas navegando hacia el oeste en vez de al este como hacían los portugueses. Sin embargo, como es sabido, su propuesta no prosperó en la corte lisboeta. Cosa que le vino bien, la verdad. Y les voy a contar por qué.

Como se ha dicho, la principal dificultad que encontraban los navegantes portugueses cuando se adentraban en el Atlántico eran las corrientes que se encontraban de frente (la corriente del Golfo). Aquí cabría preguntarse si, aun partiendo de las Azores, no podrían haber buscado rutas más al sur que evitaran dicha corriente. Pues no, no podían. Aunque el primer impulso fuera este, no era tan sencillo. ¿Por qué? El problema tiene que ver con la geometría y con la forma (casi) esférica de la Tierra.

Los dos únicos puntos distinguidos en una esfera que gira son precisamente los puntos por los que pasa el eje de giro (los polos). No es difícil, por lo tanto, calcular la latitud (la distancia a los polos o, más precisamente, la distancia angular), al fin y al cabo, eso fue lo que hizo nuestro colega Eratóstenes. Sabiendo la fecha y la altura sobre el horizonte del Sol o algunas estrellas, era posible calcular la latitud (el paralelo sobre el que se encontraban).

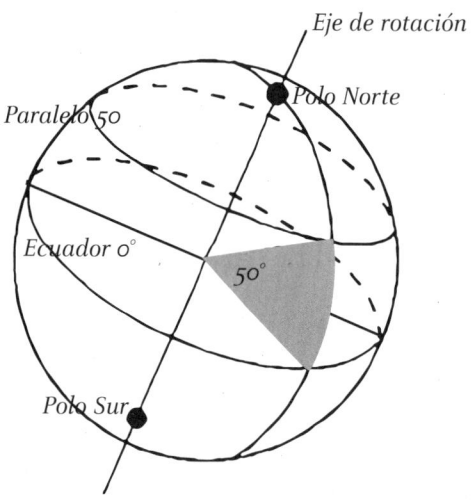

Pero no existía un método directo para conocer la longitud. Pensad que la longitud no deja de ser una coordenada totalmente arbitraria desde el punto de vista de la geometría de la esfera; en la actualidad la medimos a partir del meridiano de Greenwich, pero por puro capricho humano, no existe razón matemática para hacerlo así. Por esta razón, era imposible conocer con precisión la posición de un barco en alta mar. Por lo tanto, para hacer la navegación más segura, el método más directo era seguir las líneas de los paralelos, con lo cual aseguraban que se iba navegando siempre hacia el oeste. Da la casualidad, de que en la latitud de las Azores, la corriente del Golfo va de oeste a este, con lo que los navegantes portugueses siempre la encontraban de proa dificultando enormemente la navegación.

Rechazado en Lisboa, Colón fue a presentar su proyecto a la corte española con la ilusión de que este fuese, finalmente, financiado. En España le dijimos que sí, pero le exigimos que en su viaje partiera de puertos españoles, naturalmente. Y ahí estuvo la gracia. Los puertos castellanos más al oeste eran los de las islas Canarias. Se da la afortunada circunstancia de que a esa latitud la corriente va hacia el oeste (aunque a mitad del Atlántico la corriente favorable va un poco más al sur y debido a ello la expedición de Colón encontró grandes calmas). Eso permitió que la expedición de don Cristóbal navegase hacia el oeste sin problema.

Estaba el detallito de que la dimensión de la Tierra es más cercana a la estimación de Eratóstenes que a la de Ptolomeo, claro. Vamos, que la Tierra era más grande de lo que creía don Cristóbal. Afortunadamente para aquellos navegantes, a mitad de camino entre las Canarias y las Molucas, había un buen trozo de tierra firme: América.

¿QUIÉN LLEGÓ PRIMERO?

Ahora me voy a derivar otra mijita, para contar un cotilleo. Es sabido que la primera expedición que dio la vuelta al mundo fue la de Magallanes-Elcano (1519-1522). Pero surge la duda de quién fue la primera persona en dar la vuelta al mundo. Existen varios candidatos e, incluso, varias posibles definiciones de qué es dar la vuelta al mundo. Estrictamente se puede considerar que es partir de un punto, atravesar todos los meridianos y volver al punto de partida. Una definición más relajada se conformaría con atravesar todos los meridianos. Evidentemente, Elcano y los 17 hombres que llegaron con él al puerto de Sevilla (de los 320 que partieron en la expedición) habían completado la vuelta al mundo (cumpliendo las dos definiciones), pero ellos eran marinos y es probable que alguno hubiera visitado antes algunos de los puntos por los que pasó la nave Victoria en su expedición, completando así una vuelta al mundo (pero no en un único viaje). Sin embargo, existe otro candidato que es posible que lo hiciera antes: Enrique el Negro o Enrique de Malaca. Este señor era un esclavo de Magallanes que hizo las veces de traductor. Aunque fue comprado en Malasia, se ha especulado con que fuera filipino, con lo cual habría completado la vuelta al mundo cuando la expedición Magallanes-Elcano llegó a dicho archipiélago (al menos según la definición más laxa). Recientemente, además, se ha especulado con que Magallanes tenía un segundo esclavo, que no aparecía en las crónicas oficiales, por estar prohibida su presencia, pero del cual hay testimonios de otros miembros del viaje. ¿Que por qué se ocultaba su presencia? Los que sostienen dicha tesis solo encuentran una razón: era una mujer y estaba prohibido que las mujeres formaran parte de la tripulación. Parece ser que Magallanes introdujo a una esclava comprada en Indonesia para que le sirviera de traductora. ¿Qué? ¿Cómo os quedáis? Como he dicho antes, no está confirmado este punto.

Volviendo a las matemáticas, estos viajes transoceánicos planteaban el problema de no saber a ciencia cierta en qué punto del globo se encontraban en un momento dado. Conocer la latitud era relativamente simple (ya lo hemos dicho) y no deja de ser algo objetivo: es el ángulo que forma la recta que pasa por un punto dado y el centro de la Tierra con el eje de rotación de esta (que pasa por los polos) y esto se deducía midiendo el ángulo sobre el horizonte del Sol u otras estrellas conocidas. Pero para saber la posición en la Tierra es necesario conocer otra coordenada y una esfera en rotación no presenta ninguna otra propiedad que permita encontrar esa segunda coordenada, ya hemos usado los polos para la latitud. El único método existente en el siglo xv, para conocer aproximadamente la posición, era tratar de dar una estimación de la velocidad con la que se desplazaban. Existían varios colegios o universidades en los que se enseñaban estas técnicas de navegación, como, por ejemplo, en mi tierra, la Universidad de Mareantes sevillana (que empezó en la Casa de las columnas del barrio de Triana y se trasladó posteriormente al Palacio de San Telmo, ya en la orilla de Sevilla). Pero los métodos con el cálculo de la velocidad estaban lejos de ser precisos, aunque la idea era correcta, se trataba de medir (en grados usualmente) la distancia a un punto conocido o, más rigurosamente, a un meridiano concreto. Bueno, en realidad, sí que existía un meridiano específico que se distinguía de los demás. Sí, porque además de los polos determinados por el eje de rotación, también existen los polos magnéticos que, al no coincidir con los anteriores, definen un meridiano que pasa por ellos, hecho que ya fue observado por el propio Colón.

El problema era que esta desviación de la aguja de la brújula al norte no sigue exactamente un meridiano y que los polos magnéticos no están totalmente fijos (se mueven entre 10 y cerca de 50 kilómetros por año). Pero dicha alineación fue la que se usó, por ejemplo, en el Tratado de Tordesillas para dividir el mundo (entre España y Portugal) determinando dicho meridiano como una línea situada a 370 leguas al oeste de las islas de Cabo Verde.

En cualquier caso, cada potencia marina solía utilizar un meridiano de referencia distinto, aunque fue muy utilizado el que estableció Mercator y que pasaba por la isla de Fuerteventura (el Hierro y París fueron otras referencias).

TODO ESTÁ EN LOS MAPAS

Y, mira, hablando de Mercator se me ha venido a la mente otro punto interesante de relación entre las matemáticas y los viajes: la representación de la Tierra en mapas, en un plano. Aunque la demostración matemática de que es imposible representar la Tierra en un plano conservando todas las propiedades geométricas (distancias, ángulos, áreas, etc.) tardaría en llegar varios siglos (es una consecuencia del Teorema egregio de Gauss, ya bien entrado el siglo XIX), parecía evidente dicha dificultad desde los primeros intentos de representar fielmente la Tierra con todos sus continentes (o casi todos, se desconocía la existencia de Australia) en un mapa.

Una de las primeras propuestas provino de Gerard Kremer, latinizado como Mercator, en la segunda mitad del siglo XVI y fruto de sus mapas tenemos la proyección Mercator que se puede visualizar si imaginamos una luz muy potente que proyectara las siluetas de los continentes en un cilindro que envuelve la Tierra coincidiendo ambos por el ecuador terrestres.

Evidentemente, dicha proyección es muy fiel en los puntos cercanos al ecuador, pero distorsiona las formas según nos acercamos a los polos. Por ejemplo, Groenlandia se ve mucho más grande de lo que es en realidad. Sin embargo, la proyección Mercator tenía una gran ventaja a la hora de navegar: conserva los ángulos, así si uno iba atravesando los paralelos a un ángulo fijo, se conocía perfectamente la ruta que se seguía y, por ello, fue y sigue siendo la proyección más utilizada.

Pero volvamos a tratar de situarnos sobre la Tierra, volvamos al cálculo de la longitud. Una forma de conocer con total precisión la longitud es determinar la hora del día en que nos encontramos. Supongamos que en cierto momento se puede determinar que el Sol está en su punto más alto con respecto al horizonte: eso son las 12:00 hora solar. Si se sabe en ese preciso instante, la hora en algún meridiano de referencia, se puede calcular la diferencia y una sencilla regla de tres nos dará el meridiano (basta con considerar que el día tiene 24 horas que se corresponden con una vuelta de 360° de la Tierra). Así una diferencia de 8 horas se corresponde con 120°, etcétera. Pero el problema era saber la hora precisa en dicho meridiano de referencia. Bastaba con llevar un reloj en el barco con la hora de ese meridiano, ¿no? Ya, pero para ello se requería la construcción de relojes precisos que no se vieran afectados por los cambios de temperatura, los movimientos, la humedad. Así que tuvo que venir un relojero a resolver el problema. Ni matemático ni navegante: relojero. Se llamaba John Harrison, el relojero, y tuvimos que esperar hasta el siglo XVII.

Bien es verdad, que antes de eso, se desarrolló otro método astronómico para medir las diferencias horarias: conociendo en qué momento preciso se iba a producir algún fenómeno astronómico destacado, por ejemplo, eclipses solares o lunares. El problema era que estos escaseaban, claro. No tenías tú eclipses todos los días. Bueno, hasta que en 1610 Galileo descubrió las lunas de Júpiter que presentan unos mil eclipses al año. El propio Galileo propuso que una observación en alta mar de estas apariciones y desapariciones daría una medida exacta de la longitud.

Aunque el método era correcto y de hecho sirvió para determinar la longitud en tierra firme, presentaba grandes dificultades durante la navegación debido a las dificultades para realizar observaciones astronómicas precisas desde un barco en alta mar. Pero entre la estimación de la velocidad, estas observaciones astronómicas y otras similares ya se tenía una buena estimación de la longitud en la que se encontraba un barco desde mediados del siglo XVII. Eso sí, esto no evitó algunos errores produciendo auténticos desastres marinos: la flota del almirante británico Cloudesley Shovell impactó con las islas Sorlingas en el año 1707 por un defectuoso cálculo de longitud.

Evidentemente, el problema de conocer la hora en un sitio de referencia quedó prácticamente resuelto con la invención de la telegrafía sin hilos. Curiosamente, el segundo sitio que comenzó a emitir su hora para la navegación después de la estación de Halifax (Canadá), fue la propia Torre Eiffel, en 1910. Este método fue refinado con la introducción de boyas de radiofrecuencia desde finales de la Segunda Guerra Mundial que permitían triangular la posición de cada buque, idea que permanece con la introducción de los sistemas de posicionamiento con el uso de satélites (GPS, Galileo, Glossna, etc.) a los que volveremos más adelante.

NUEVAS MATEMÁTICAS PARA NUEVOS VIAJES

Todo esto en la Tierra, pero para el siguiente gran desafío de las matemáticas en el mundo de los viajes, hemos de esperar a la segunda mitad del siglo XX con el desarrollo de la exploración espacial.

Por primera vez la humanidad se alejaba de la corteza terrestre de forma sustancial (más de lo que lo hacían los aviones, por ejemplo) y unas nuevas matemáticas eran necesarias. Existen muchos desafíos cuando queremos enviar un artefacto fuera del abrazo de nuestra madre Tierra. Entre ellos, el hecho de que no todas las órbitas son factibles (al menos no de forma estable), esto hace que determinar la ruta que una aeronave ha de describir es un problema complejo.

Para empezar está la dificultad de calcular cómo trazar esa ruta de forma efectiva, ya que, al contrario de lo que ocurre para un automóvil, tren o barco en los que no hay una variación significativa del peso, en el caso de un satélite, lo que se llega a poner en órbita no deja de tener un peso minúsculo comparado con lo necesario para ponerlo en órbita. La variación de la masa es tremenda desde los primeros momentos del lanzamiento debido al peso y al consumo de combustible, sobre todo, en sus instantes iniciales. Esa variación de la masa hace que el diseño de una trayectoria no se corresponda con un clásico proyectil, que solo recibe un impulso inicial y en el que la masa permanece estable durante todo su recorrido.

El problema del recorrido del proyectil[7] es bien conocido desde la introducción del Cálculo Infinitesimal, en el siglo XVII, desarrollado por Isaac Newton y Gottfried Wilhelm Leibniz. Estos dos, por cierto, tuvieron unas broncas que, madre mía. Otro día te lo cuento.

Pero las soluciones de las ecuaciones que se necesitabann resolver en el caso de los viajes espaciales no eran conocidas. Por eso se hizo necesario desarrollar métodos que permitieran encontrar si no esas soluciones, al menos unas aproximaciones lo suficientemente válidas que hagan factibles los lanzamientos y puesta en órbita de los satélites artificiales. Así, este problema y muchos otros que entrañaban una dificultad semejante propiciaron el nacimiento de una nueva disciplina dentro de las matemáticas: el Cálculo Numérico.

---

7   Pensando en lanzamiento de proyectiles, las academias de artillería fueron de los primeros sitios en los que se estudió dicha rama de las matemáticas, el Cálculo Infinitesimal, y en muchos países, como es el caso de España, a través de ellas llegaron las herramientas de esa disciplina que tiene múltiples aplicaciones en todas las ciencias y las tecnologías. Así de paradójica es la cosa. De perfeccionar métodos para matar más y mejor hemos aprendido cosas que nos ayudan en nuestra vida.

En pocas palabras, podemos decir que el Cálculo Numérico es la rama de las matemáticas que en lugar de resolver ecuaciones con exactitud, nos proporciona aproximaciones de las soluciones; y, aunque no sean la solución exacta, son suficientemente buenas para resolver el problema que queremos resolver. Podéis pensar en el Cálculo Numérico como en una buena compañía de transporte público: casi nunca te deja en la puerta de tu casa, pero siempre lo suficientemente cerca para mejorar tu vida. Esta analogía también sirve para elegir partidos políticos a la hora de votar: elegir al que te deje más cerca.

Seguimos. Como decíamos, aunque no sepamos encontrar la solución exacta de la ecuación, si somos capaces de aproximar con la suficiente exactitud los valores que va a ir tomando, desde un punto de vista práctico puede ser suficiente para que podamos usarla. Así, una vez en órbita, una desviación de varios milímetros con respecto a la órbita deseada no suele tener trascendencia. Evidentemente, el desarrollo de los métodos del Cálculo Numérico va muy de la mano de las construcciones de los primeros ordenadores, pero estos no tenían, en un primer momento, la potencia de cálculo necesaria para resolver los problemas que la aeronáutica planteaba.

La solución fue recurrir a las calculadoras. Pero no esas calculadoras que podemos pensar como máquinas precursoras de los ordenadores, sino a calculadoras humanas, mujeres que realizaban miles de operaciones (asistidas, eso sí, por calculadoras mecánicas). No todo iban a ser hombres en esta historia.

Parte de la historia de dichas mujeres está narrada en el libro *Figuras ocultas*[8] de Margot Lee Shetterly, que fue lle-

---

8 *Hidden figures* en inglés, que es un juego de palabras usando el carácter polisémico de figures en inglés, que puede significar número o a las personas que estaban ocultas detrás de la carrera espacial.

vado al cine con el mismo título. Dicho libro narra la historia verdadera de tres brillantes mujeres negras (doble discriminación para ellas, por su género y por su raza): Katherine G. Johnson, Dorothy Vaughan y Mary Jackson, cuyos cálculos permitieron el lanzamiento de los primeros satélites de la NASA. Muy especialmente el del primer vuelo orbital tripulado, por John Glenn, por parte de Estados Unidos.

Antes de esto, la URSS había llevado a cabo diversas misiones. Concretamente, cuando tuvo lugar el vuelo de Glenn, cuatro cosmonautas soviéticos habían ya orbitado la Tierra, algunos durante más de un día y dos de ellos estuvieron en sendas naves simultáneamente orbitando la Tierra. Al margen de lo narrado en el libro y en la película, las tres tuvieron una brillante trayectoria (llena de dificultades, como nos podemos imaginar).

El trabajo de Katherine Johnson incluyó el cálculo de trayectorias, ventanas de lanzamiento, rutas de retorno de emergencia y trayectorias de encuentro para el módulo lunar Apolo y módulo de mando en vuelos a la Luna. Sus cálculos también fueron esenciales para el comienzo del programa del transbordador espacial. Katherine Johnson rompió barreras tanto de género como de raza, destacando por mérito propio en un momento en que los campos científicos estaban dominados por hombres blancos.

Mary Jackson fue la primera ingeniera negra de la NASA y después de 34 años en la Agencia, se convirtió en la directora de dos programas que fomentaron la contratación y la promoción de mujeres en la NASA, en el ámbito de la ciencia, la ingeniería y las matemáticas. Contribuyó al diseño y análisis de modelos de aeronaves y cápsulas espaciales, estudiando cómo los objetos volaban a altas velocidades en condiciones aerodinámicas extremas. Trabajó en problemas relacionados con el flujo de aire en torno a las naves espaciales, resolviendo ecuaciones complejas para mejorar su rendimiento y seguridad en vuelo.

Aunque las tres se dieron cuenta del impacto que tendrían los ordenadores para realizar los cálculos antes encomendados a ellas, fue Dorothy Vaughan la que tuvo un papel más protagonista en dicha labor, no solo formándose en el lenguaje de programación Fortran, sino posibilitando que otras mujeres negras también recibieran dicha formación. Aunque sus contribuciones no fueron reconocidas públicamente en vida, hoy en día es considerada una pionera en el desarrollo de la computación y un símbolo de la lucha por la igualdad en los campos científicos.

No deja de ser curioso, y triste, que gracias a la labor de esas pioneras y de muchas otras, hasta bien entrada la década de los años setenta del pasado siglo, el manejo de ordenadores y su programación fuera considerada una labor femenina. Por seguir en la carrera espacial, una de las líderes del software que llevaba el Apolo XI para su alunizaje era la matemática del MIT Margaret Hamilton, cuyo equipo tuvo un papel crucial para resolver un mensaje de error que daba el ordenador de a bordo del módulo de alunizaje cuando faltaban pocos segundos para ello. Margaret Hamilton no solo aseguró el éxito de una de las mayores hazañas de la humanidad, el alunizaje, sino que también transformó la manera en que se diseña y desarrolla software. De hecho, Margaret es reconocida por haber popularizado el término «ingeniería de software».

Pero cuando esas máquinas, los ordenadores, han pasado a estar en el día a día de todos y su impacto y control sobre nuestras vidas es casi total, las mujeres han sido desplazadas y todas las ocupaciones cruciales relacionadas con el desarrollo de los ordenadores han sido monopolizadas por el género masculino. Por hombres blancos, principalmente.

Para terminar, déjenme que les hable de dos aportes de las matemáticas relacionados con los satélites.

El primero de ellos tiene, de nuevo, como protagonista a una mujer notable.

Es sabido que la carrera espacial entre las dos grandes superpotencias no pretendía ser una competición limpia y noble, sino que ambas trataban de imponer su hegemonía tanto propagandísticamente como sobre unas tecnologías con gran impacto militar. Por ello, desde el primer momento se impuso la necesidad de evitar las interferencias por parte del «enemigo» de las comunicaciones entre las naves que orbitaban nuestro planeta y los centros de control. Para ello se usaron métodos de cifrado o encriptación (otro aporte matemático) y se desarrollaron sistemas que impedían usar los mismos canales (frecuencia) de comunicación por parte de la otra superpotencia. Para ello, se implementaron las ideas que había patentado la actriz Hedy Lamarr para evitar la interferencia del enemigo en las comunicaciones para dirigir las trayectorias de torpedos durante la Segunda Guerra Mundial. Se ha hablado y escrito mucho sobre la vida de Lamarr, así que solo comentaremos aquí que a nuestra Hedy se le ocurrió la idea de usar más de una frecuencia para comunicarse con el proyectil. Es decir, durante la comunicación entre el buque y el torpedo, ir alternando distintas frecuencias para la transmisión para hacer más difícil, para los otros, el rastreo de la señal y, por lo tanto, dificultar la posibilidad de interferirla. Junto al músico George Antheil (un moderno, vecino suyo en California), diseñó un sistema que consistía en colocar dos rodillos de piano idénticos, uno en el barco y otro en el torpedo, de forma que, rotando ambos a la misma velocidad, los orificios que tenían estos rodillos iban cambiando continuamente la frecuencia (hasta 88 diferentes) de la transmisión. El 11 de agosto de 1942, Antheil y Hedy (como Hedwig Kiesler Markey, por su matrimonio con Gene Markey) registraron la patente y se dio a conocer a la Marina norteamericana, aunque, básicamente, la guardaron y pasaron de ella. Bueno, hasta la Crisis de los Misiles de Cuba. Durante aquella ofensiva militar estadounidense se puso en práctica el invento de Hedy y George. Efectivamente, no usaron rodillos de piano, sino sistemas electrónicos de conmutación de frecuencias, pero la idea era la misma. Sin embargo, a esas alturas, ya había expirado la patente, claro. Lamarr tuvo que esperar hasta 1997, tres años antes de su muerte, para que su trabajo fuese reconocido con un premio de la Electronic Frontier Foundation. «Ya era hora», dicen que fue lo que dijo ella al conocer la noticia. Esta idea de Lamarr se conoce con el nombre de espectro ensanchado y, en gran medida, es la que ha hecho posible, entre otras cosas, la comunicación por wifi o 3G.

Evidentemente, dichas tecnologías no tienen un uso exclusivo en el transporte, que es el hilo conductor principal de este capítulo, pero es una historia bien bonita.

La última de las aportaciones que os quiero contar sí que está íntimamente ligada con el transporte, con los viajes. Es más, no se trata de una única aportación, sino que son muchas las distintas herramientas usadas para hacernos la vida mejor cuando nos desplazamos.

Hasta no hace mucho tiempo, cuando hacíamos un viaje en coche, usábamos mapas que cumplían relativamente bien su misión para desplazamientos entre ciudades, pero cuando ya estábamos en una localidad desconocida, para encontrar una dirección concreta había que parar, bajar la ventanilla del coche y preguntar a un paisano para que nos diera instrucciones de cómo llegar a nuestro destino.

Hoy en día, ese contacto interpersonal ha sido sustituido por una pantallita que realiza las tareas asignadas con anterioridad a ese paisano. Para ello ha sido necesario desarrollar algoritmos de Teoría de Grafos que calculen las rutas óptimas entre dos puntos en una red (algoritmos que no voy a detallar, pero que son de una gran belleza), que muestre la ventana adecuada según nuestra posición y destino (con mayor o menor zum de detalle) y, sobre todo, es esencial saber dónde estamos, y con ello volvemos al principio: Eratóstenes.

Volvemos al problema de calcular las coordenadas de un punto sobre la superficie terrestre. Aquí entran en juego los sistemas de posicionamiento, el más conocido de ellos es el GPS del ejército norteamericano, pero también existen el GLONASS ruso o el Galileo europeo, entre otros. Cuando tenemos un aparato, nuestros móviles, por ejemplo, que nos dice nuestra posición sobre la Tierra, lo que hace dicho dispositivo es calcular la distancia a varios satélites de los cuales se conoce su posición[9].

¿Cómo nos ubica nuestro GPS en cada momento? La idea es relativamente simple. La posición de cada uno de los satélites es conocida. Así, cuando detectamos un satélite con nuestro teléfono, se sincronizan los relojes de nuestro aparato y del satélite, y podemos medir el tiempo que tarda en llegarnos la señal de este y, por tanto, sabiendo que la señal viaja a la velocidad de la luz, podemos determinar a qué distancia está cada satélite del cual recibimos señal válida. Es decir, que lo que hacemos al detectar un satélite es medir a qué distancia estamos de él.

Pero con eso no tiene suficiente nuestro GPS para ubicarnos. Porque si alguien nos dice que está a, por ejemplo, 100 metros de nosotros, lo que sabemos es que está, como se suele decir, a 100 metros a la redonda. Dicho de otra forma, que nosotros somos el centro de un círculo de radio 100 metros y que quien sea está sobre la circunferencia.

---

9   Al depender GPS del ejército puede dar coordenadas erróneas en caso de conflicto en el que esté involucrado EE.UU., que en este momento de la historia son casi todos los conflictos existentes.

Técnicamente, como vivimos en un mundo tridimensional, lo que sabemos en realidad es que esa persona está en la esfera (tridimensional) de centro nosotros mismos y de radio 100 metros. Lo que ocurre es que como supones que la otra persona está en la Tierra, te quedas con la intersección de esas dos esferas, la Tierra (aunque no es exactamente una esfera) y la de radio 100. Por eso lo del círculo.

Es decir, con un solo satélite no nos pueden localizar. Necesitamos más satélites. ¿Cuántos?

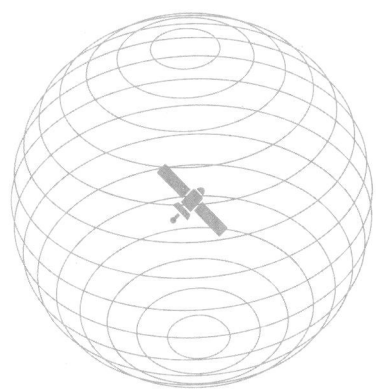

Olvidémonos por un rato de que estamos en la Tierra. Si nos sincronizamos con un satélite, el GPS nos ubicará sobre una esfera centrada en dicho satélite y de radio nuestra distancia al mismo.

Si nos sincronizamos con dos, el GPS nos ubicará en dos esferas (cada una centrada en el satélite correspondiente), ya pueden deducir que nos encontramos en la zona común de las 2 esferas.

La intersección de dos esferas, en estas condiciones, es una circunferencia.

Por lo tanto, necesitamos más pistas, porque la circunferencia en cuestión puede ser muy grande.

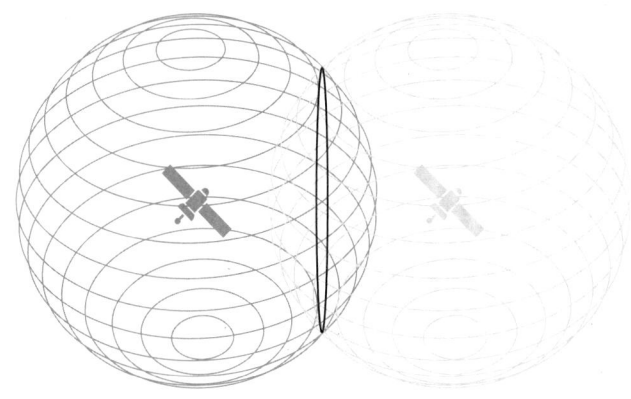

Si nos sincronizamos con otro satélite, este nos ubicará en una tercera esfera (centrada en él y de radio la distancia al mismo). Pues bien, ya saben los satélites que estamos en la intersección de las tres esferas, y la intersección de tres esferas en estas condiciones son dos puntos. Solo dos, ya estamos cerca.

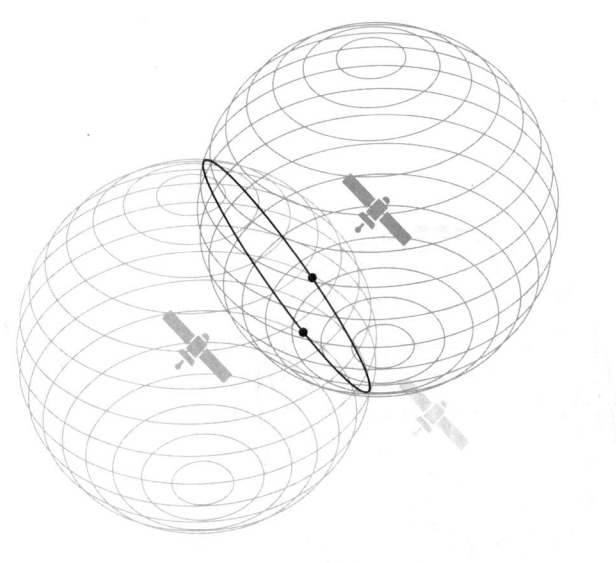

Si ahora, como hemos dicho antes, pensamos que estamos en la Tierra, bastaría con elegir de esos dos puntos cuál está sobre la Tierra y fin. Pero no, porque, por ejemplo, no sabemos a qué altura sobre el nivel del mar nos encontramos. Para afinar mejor con nuestra posición y eliminar fallos en la sincronización entre los relojes del GPS y los satélites, lo que se hace es usar al menos cuatro satélites (el cuarto nos serviría para descartar, de los 2 puntos comunes en la intersección de las tres esferas, el que no es nuestra posición). Y con esto, ya tienen nuestras tres coordenadas casi con exactitud: latitud, longitud y altitud.

Así que con cuatro satélites podemos conocer nuestra posición. Desgraciadamente, esos cálculos no son tan precisos como muestra la figura y se pueden acumular numerosos errores. Pero para lidiar con dichos errores y mostrar una solución al problema de nuestra posición de forma factible, también existen matemáticas (el llamado método de los mínimos cuadrados desarrollado por Gauss hace más de doscientos años) que los solucionan.

Matemáticas, matemáticas y más matemáticas. Y es que casi todo en nuestra vida es mejor con matemáticas. Menos el amor, claro. No creo, estoy segura, vaya, de que no habrá nunca ningún algoritmo que nos reconforte tanto como una sonrisa, una mirada o un abrazo de una persona a la que amamos.

Esta es mi parada, yo me bajo aquí.

Espero que hayas disfrutado de este paseíto por algunas de las aplicaciones que las matemáticas tuvieron y tienen en nuestro peregrinaje en este Universo. De las que tendrán no me atrevo a vaticinar nada. Solo deseo que, de aquí a la siguiente estación, este tren vaya lleno de personas de todas las identidades de género, orientaciones sexuales, etnias, culturas y creencias. Pero, sobre todo, lleno de pensamiento crítico y ciencia. Y de empatía, claro, que es el combustible que nos ha traído hasta aquí.

Epílogo de una cuentista

ELENA LÁZARO REAL

Llegado el final de esta *Otra historia de la ciencia* confiamos en que su lectura no haya servido para nada; no al menos si lo que se pretendía era únicamente añadir datos a un saber enciclopedista. Por el contrario, nos gustaría pensar que la lectura de esta historia sí ha resultado útil a quienes no tienen problema en dejar caer sus sesgos y marcos conceptuales para construir nuevas miradas, también a la hora de leer historia.

Somos conscientes de lo fragmentado que ha podido parecer nuestro relato, pero no pediremos disculpas por ello porque esa disgregación es la que esconde nuestras verdaderas intenciones: contar la historia desde otras miradas, otras narrativas, otros protagonistas. Y eso a pesar de que nuestro relato empieza en la prehistoria y concluye en los viajes espaciales.

Podemos contar la historia de la humanidad porque funcionaron los cuidados, porque la especie humana desarrolló una manera de nacer y sobrevivir en ambientes hostiles. Por eso no deberían ser extrañas las historias que ponen el foco en los saberes que nos permitieron parir y criar, como tampoco deberían extrañar los relatos que descubren las miserias de la ciencia; ese lado oscuro de teorías erráticas y fraudes que, como cualquier actividad humana, encierra también el conocimiento. Esa ciencia imperfecta y tramposa también es ciencia. No deberíamos dejar que nuestros sesgos nos impidan mirar el pasado de una forma más libre que quienes construyeron el relato del «sexo débil» sobre los seres capaces de parir o quienes siguen sin ver que las mujeres pueden ser tan mentirosas como los hombres.

Habrá quien se sorprenda de no haber encontrado a los protagonistas obligados de las grandes revoluciones científicas y tampoco una enumeración exhaustiva de nombres y fechas, pero también quien sepa disfrutar de ese aparente relato desordenado de historias. No pretendo en este epílogo repasar todo lo que no ha podido encontrar en su lectura; solo subrayar el hecho de que precisamente en su diversidad de temas y protagonistas se escondía la razón de este libro: contar, sin más, como solo cuentan las que cuentan.

A hombros de gigantas

Esta otra historia de la ciencia está escrita sobre lo que otras personas nos contaron, si quieres saber más sobre...

Quién cuenta en la Historia de la Ciencia?, de Elena Lázaro Real, puedes mirar en:

Aranda Escalante, Karina. (2012). De la historia de la ciencia a la historia cultural. *Historia y grafía*, 39, 178–184.

Catalán Fernández, Antonio, & Catany Escandell, Margalida. (2006). Contra el mito de la neutralidad de la ciencia: el papel de la Historia. *Enseñanza de las Ciencias*, 4(2), 163–166. https://doi.org/10.5565/rev/ensciencias.5212

Gruzinski, Serge. (2018). *¿Para qué sirve la historia?* Alianza Editorial.

Uribe Mendoza, Blanca Irene. (2017). La historia de la ciencia: ¿Qué es y para qué? *Revista Odontológica Mexicana*, 21(2), 78–80. https://doi.org/10.1016/j.rodmex.2017.05.001

Soto Laveaga, Gloria. (2020). *Laboratorios en la selva: Campesinos mexicanos, proyectos nacionales y la creación de la píldora anticonceptiva.* FCE - Fondo de Cultura Económica.

Solís Santos, Carlos, & Sellés, Manuel A. (2005). *Historia de la Ciencia.* España.

Tata, Jamshed R. (2005). One hundred years of hormones. *EMBO Reports*, 6(6), 490–496. https://doi.org/10.1038/sj.embor.7400444

Vera, Francisco. (1937). *Historia de la ciencia.* Iberia.

Vernet, Juan. (1998). *Historia de la ciencia española* (Ed. facs.). Alta Fulla.

Humboldt, Alexander von, Bonpland, Aimé, & Williams, Helen Maria. (1814). *Personal narrative of travels to the equinoctial regions of the new continent during the years 1799-1804.* Printed for Longman, Hurst, Rees, Orme, and Brown. https://doi.org/10.5962/bhl.title.87614

Linné, Carl von, Paláu y Verdéra, Antonio, & Linné, Carl von. (1784). *Parte práctica de botánica del caballero Cárlos Linneo, que comprehende las clases, órdenes, géneros, especies y variedades de las plantas, con sus caracteres genéricos y específicos, sinónimos más selectos, nombres triviales, lugares donde nacen, y propiedades.* En la Imprenta Real. https://doi.org/10.5962/bhl.title.7555

Laet, Joannes de. (1630). *Beschrijvinghe van West-Indien.* Bij de Elzeviers. https://doi.org/10.5962/bhl.title.159247

Michals, Debra. (2017). Margaret Sanger. National Women's History Museum. https://www.womenshistory.org/education-resources/biographies/margaret-sanger

Las primeras tecnologías: las tecnologías del bienestar, de Marga Sánchez Romero, puedes profundizar en:

Alarcón García, Eva (2010), *Continuidad y Cambio Social. Las Actividades de Mantenimiento en el poblado argárico de Peñalosa (Baños de la Encina, Jaén).* Tesis doctoral, Universidad de Granada, Granada

Alarcón García, Eva y Sánchez Romero, Margarita (2015) «Arqueología feminista, de las mujeres y del género en la Prehistoria de Andalucía» *Menga. Revista de Prehistoria de Andalucía,* 6, pp. 32-59.

Alarcón García, Eva; Padilla Fernández, Juan Jesús; García García, Alejandra y Arboledas, Luis (2018), «Learning to be …: learning and socialization in ceramic productions during Bronze Age in peninsular southeast, Spain», en Sánchez Romero, Margarita y Cid López, Rosa Mª (eds.), *Motherhood and Infancies in the Mediterranean in Antiquity,* Oxbow, pp. 25-40.

Alarcón García, Eva y García García, Alejandra (2019), «Las producciones cerámicas argáricas. Entre la vida cotidiana y la muerte anda el juego», *Treballs d'Arqueologia,* 23, pp. 1-27.

Aranda, Gonzalo; Montón-Subías, Sandra y Sánchez Romero, Margarita (2022) *La cultura de El Argar,* Comares.

Assaf, Ella; Nunziante-Cesaro, Stella; Gopher, Avi y Venditti, Flavia (2023) «Learning by Doing: Investigating Skill

Through Techno-Functional Study of Recycled Lithic Items from Qesem Cave (Israel)», *Journal of Archaeological Method and Theory* 30, pp. 64–102

Bagwell, Elizabeth A. (2002), «Ceramic form and skill. Attempting to identify child producers at Pecos Pueblo, New Mexico», en Kamp, Katherine (ed) *Children in the Prehistoric Puebloan Southwest*, University of Utah Press, pp. 90-107.

Bécares Rodríguez, Laura (2019), «Alimentación infantil al margen de la lactancia materna: el hallazgo de biberones en el mundo clásico», en Reboreda, Susana (ed.), *Visiones sobre la lactancia en la Antigüedad. Permanencias, cambios y rupturas*, Dialogues de Historie Ancienne, Supplément 19, pp. 113-130.

Calvo, Manuel; García, Jaume; Javaloyas, David y Albero, Daniel (2015), «Playing with mud? An ethnoarchaeological approach to children's learning in Kusasi ceramic production», en Sánchez Romero, Margarita; Alarcón, Eva y Aranda, Gonzalo (eds.) *Children, Identity And Space*, SSCIP Monograph Series, Oxbow, pp. 88-104

Corchón, Mª Soledad y Ortega, Paula (2017), «Las industrias líticas y óseas (17,000-14,500 BP). Tipología, tecnología y materias primas», en Corchón, Mª Soledad (ed.) *La Cueva de las Caldas (Priorio, Oviedo) ocupaciones magdalenienses en el valle del Nalón*, Ediciones Universidad de Salamanca, pp. 247-555

Couto Ferreira, Érica (2016), «Parteras, nodrizas y cuidadoras en Mesopotamia», en Delgado Hervás, Ana y Picazo Gurina, Marina (eds), *Los trabajos de las mujeres en el mundo antiguo. Cuidado y mantenimiento de la vida*, Institut Català d'Arqueologia Clàssica, pp. 103-116.

Crown, Patricia L. (2001), «Learning to make pottery in the Prehispanic American Southeast», *Journal of Anthropological Research*, 57, pp. 451-469.

Crown, Patricia L. y Wills, Wirt H (1995), «The origins of southwestern ceramic containers: women's time allocation and economic intesification», *Journal Anthropological Research*, 51, pp. 173-186.

Diego Carrascosa, Miriam de (2023), *Tecnología textil y del trabajo de la piel en el Neolítico Antiguo de La Draga, Banyoles (España) (5.300-4.900 cal BC)*, Tesis doctoral, Universitat Autònoma de Barcelona

Eibner, Clemens (1973) «Die urnenfelderzeitlichen Sauggefäße. Ein Beitrag zur morphologischen und ergologischen Umschreibung», *Praehistorische Zeitschrift*, 48, pp. 144-199.

Fulminante, Francesca (2015), «Infant Feeding Practices in Europe and the Mediterranean from Prehistory to the Middle Ages: a Comparison between the Historical Sources and Bioarchaeology», *Childhood in the Past*, 8(1), pp. 24-47.

García García, Alejandra; Vico, Laura; Alarcón García, Eva; Padilla Fernández, Juan Jesús; Mora, Adrian; Moreno, Auxilio; Contreras, Francisco; Manzano, Eloisa; Cantarero, Antonio; Martín, Francisco (2020) «Pottery grave goods from funerary contexts at the argaric site of Peñalosa (Jaén). A methodological approach», *Journal of Ancient History and Archeology*, 7(3), pp. 47-62.

Garrido, Rafael y Herrero, Ana Mercedes (2015), «Children as potters: apprenticeship patterns from Bell Beaker pottery of Copper Age Inner Iberia (Spain) (c. 2500-2000 cal BC)», en Sánchez Romero, Margarita; Alarcón, Eva y Aranda, Gonzalo (eds.) *Children, Identity And Space*, SSCIP Monograph Series, Oxbow, pp. 40-58.

González Marcén, Paloma; Picazo Gurina, Marina y Montón Subias, Sandra (2008), «Towards an archaeology of main-tenance activities», en Montón Subias, Sandra y Sánchez Romero, Margarita (eds.), *Engendering Social Dynamics: The Archaeology of Maintenance Activities*, BAR International Series, pp. 3-8

Hayden, Brian (2015), *The Power of Feasts. From Prehistory to the Present*, Cambridge University Press.

Hernando, Almudena (2005), «¿Por qué la Historia no ha valorado las actividades de mantenimiento?», *Treballs de'Arqueología*, 11, pp. 115-133.

Izquierdo Peraile, Isabel y Pérez Ballester, José (2005), «Grupos de edad y género en un nuevo vaso del Tossal de Sant Miquel de Llíria (València)», *Saguntum*, 37, pp. 85-103.

Jiménez-Brobeil, Silvia A.; Al Oumaoui, Ihab y Esquivel, José A. (2004), «Actividad física según sexo en la cultura argárica. Una aproximación desde los restos humanos», *Trabajos de Prehistoria*, 61(2), pp. 141-153.

Jover Maestre, Francisco Javier; López Padilla, Juan Antonio y Basso Rial, Ricardo E. (2020), «Significance of textile produc-tion the Argaric Culture (Spain)», en Marín Aguilera, Beatriz y Gleba, Margarita (eds.) *Interweaving traditions: clothing and textiles in Bronze and Iron Age Iberia*, Saguntum, Extra Núm. 20, pp. 83-96

Kamp, Katherine A. (2001), «Prehistoric Children Working and Playing: A Southwestern Case Study in Learning Ceramics», *Journal of Anthropological Research*, 57, pp. 427-450.

Lozano, Marina ; Jiménez-Brobeil, Sylvia A.; Willman, John C.; Sánchez-Barba, Lydia P. ; Molina, Fernando y Rubio, Ángel (2021), «Argaric craftswomen: Sex-based division of labor in the Bronze Age southeastern Iberia», *Journal of Archaeological Science*, 127.

McGaw, Judith W (1996), «Reconceiving Technology: Why Feminine Technologies Matter», en Wright, Rita P. (ed.) *Gender and Archaeology*, University of Pensilvania Press, pp. 52-75.

Maloney, Tim Ryan (2019), «Towards Quantifying Teaching and Learning in Prehistory Using Stone Artifact Reduction Sequences», *Lithic Technology*, 44(1), pp. 36–51.

Molina, Fernando; Rodríguez-Ariza, María Oliva; Jiménez, Silvia y Botella, Miguel (2003), «La sepultura 121 del yacimiento argárico de El Castellón Alto (Galera, Granada)», *Trabajos de Prehistoria*, 60(1), pp. 153-158.

Nájera,Trinidad; Molina, Fernando; Jiménez Brobeil, Silvia; Sánchez Romero, Margarita; Al Oumaoui, Ihab; Aranda Jiménez, Gonzalo; Delgado, Antonio y Laffranchi, Zita (2010), «La población infantil de la Motilla del Azuer: Un estudio bioarqueológico», en Sánchez Romero, Margarita (coord.) *Infancia y cultura material en Arqueología*, Complutum, 21(2), pp. 69-103.

Oldenziel, Ruth, (1996), «Object/ions: Technologie, Culture and Gender», en Kingery, David (ed.) *Learning from things. Method and Theory of Material Culture Studies*, Smithsonian Institution, pp. 55-72.

Picazo Gurina, Marina (1997), «Hearth and home: the timing of maintenance activities», en Moore, Jenny y Scott, Eleanor (eds.), *Invisible people and processes. Writing Gender and Childhood into European Archaeology*, Leicester University Press, pp. 59-67.

Pomadere, Maia (2007), «Des enfants nourris au biberon a l'Age du Bronze?», en Mee, Christopher y Renard, Josette (eds.), *Cooking up the Past. Food and Culinary Practices in the Neolithic and Bronze Age Aegean*, Oxbow Books, pp. 270–286.

Rebay-Salisbury, Katherina (2017), «Bronze Age Beginnings. The Conceptualization of Motherhood in Prehistoric Europe», en

Cooper, Dana y Phelan, Claire (eds.) *Motherhood in Antiquity*, Palgrave Macmillan, pp. 169–196.

Risquez, Carmen; Rueda, Carmen; Herranz, Ana y Vilchez, Miriam (2020), «Among Threads and Looms. Maintenance Activities in the Iberian Societies: the Case of El Cerro de la Plaza de Armas in Puente Tablas (Jaén)», en Marín Aguilera, Beatriz y Gleba, Margarita (eds.) *Interweaving traditions: clothing and textiles in Bronze and Iron Age Iberia*, Saguntum, Extra Núm. 20, pp. 97-112

Sánchez Romero, Margarita (2000), «Mujeres y espacios de trabajo en el yacimiento de Los Castillejos (Montefrío)», en González Marcén, Paloma (coord..) *Espacios de género en Arqueología*, Arqueología Espacial, 22, pp. 93-106.

Sánchez Romero, Margarita (2008), «An approach to learning and socialisation in children during the Spanish Bronze Age», en Dommasnes, Liv Helga y Wrigglesworth, Melanie (eds.) *Children, identity and the past*, Cambridge Scholars Publishing, pp. 113-124.

Sánchez Romero, Margarita (2015), «Las arquitecturas de lo cotidiano en la prehistoria reciente del sur de la península ibérica», Díez Jorge, Mª Elena (ed.) *Arquitectura y Mujeres en la Historia*, Síntesis, pp. 19-58.

Sánchez Romero, Margarita (2017), «Landscapes of Childhood: Bodies, Places and Material Culture», *Childhood in the Past*, 10(1), pp. 16-37.

Sánchez Romero, Margarita (2018), «Care and Socialization of Children in the Bronze Age», en Crawford, Sally; Hadley, Dawn y Shepherd, Gillian (dds.), *The Oxford Handbook of the Archaeology of Childhood*, Oxford University Press, pp. 338-351.

Sánchez Romero, Margarita (2019), «Pratiques maternelles: allaitement et sevrage dans les sociétés préhistoriques», en Reboreda, Susana (ed.), *Visiones sobre la lactancia en la Antigüedad. Permanencias, cambios y rupturas*, Dialogues de Historie Ancienne, Supplément 19, pp. 17-28

Sánchez Romero, Margarita (2023), «Prehistoric Archaeology in Spain from a Feminist Perspective: Thirty Years of Reflection and Debate», en López Varela, Sandra L. (eds.) *Women in Archaeology. Women in Engineering and Science.* Springer, pp. 201-220.

Sánchez Romero, Margarita (2024), «The Archaeology of Care, the Archaeology of Children.

As Close as Essential», en Kitagawa, Keiko; Tumolo, Valentina y Díaz-Zorita Bonilla, Marta (eds.) *Beyond subsistence. Human-Nature Interactions*, RessourcenKulturen Band 26, Tübingen University Press, pp. 165-174.

Sánchez Romero, Margarita y Cid López, Rosa Mª. (2018), «Motherhood and Infancies: Archaeological and Historical Approaches», en Sánchez Romero, Margarita y Cid López, Rosa Mª. (eds.), *Motherhood and Infancies in the Mediterranean in Antiquity*, Oxbow, pp. 1-11. Oxford:

Schwartz Cowan, Ruth (1989), *More work for mother: the ironies of household technology from the open hearth to the microwave*, Free Association Books.

Skibo, James M. y Blinman, Eric (1999), «Exploring the origins of pottery on the Colorado Plateau. Pottery and people», en Skibo, James M. y Feinman, Gary (eds.) *Pottery and People*, University of Utah Press, pp. 171-183.

Wajcman, Judi (1991), *Feminism confronts technology*, Polity Press.

Wallaert-Petre, Hélène (2001), «Learning How to Make the Right Pots: Apprenticeship Strategies and Material Culture, a Case Study in Handmade Pottery from Cameroon», *Journal of Anthropological Research*, 57, pp. 471-493.

Mater dolorosa: otra historia de la obstetricia, por Enriqueta Barranco Castillo puedes leer aquí:

Alonso y Rubio, Francisco (1866), *Manual del arte de obstetricia para uso de las matronas*, Madrid, Imprenta Nacional.

Arjona Castro, Antonio (1991), *El libro de la generación del feto, el tratamiento de las mujeres embarazadas y de los recién nacidos. Tratado de obstetricia y pediatría del siglo X de 'Arib Ibn Sa'id*, Sevilla.

Barranco Castillo, Enriqueta (1984), «El ginecólogo ante la condición femenina. La escuela de Alejandro Otero», *Dynamis*, 4, pp. 199-218.

Barranco Castillo Enriqueta (1994), «The mother's role as educator during pregnancy», *The International journal of prenatal and perinatal psychology and medicine* 6 (4), pp. 493-502.

Barranco Castillo, Enriqueta, Esteban de la Rosa, Miguel Ángel y García Calvo, Inmaculada (1994), «Ultrasonographic diagnosis: the issue from a different angle», *The International jour-*

nal of prenatal and perinatal psychology and medicine, 6 (2), pp. 233-238.

Barranco Castillo, Enriqueta (2001), «¿Niño o niña? La adscripción de caracteres de género a los bebés antes de su nacimiento», Ministerio de Trabajo y Asuntos Sociales, Instituto de la Mujer, Madrid [audiovisual inédito].

Barranco Castillo, Enriqueta y Girón Irueste, Fernando (2023), *Passio Mulieribus. Menstruación, salud sexual y reproductiva, gestación y nacimiento en la España medieval*, Granada, Universidad de Granada.

Barranco Castillo, Enriqueta (2025), *De parteras a profesoras de partos. Abecedario de las primeras alumnas de la facultad de medicina de Granada*, Granada, Universidad de Granada.

Carranza, Alonso et al (1628). *Disputatio de vera humani partus naturalis et legitimi designatione Alphonsi a Carranza... : in qua de hominis conceptu, animatione, efformatione, gestationis tempore, editione, deque partus naturalis limitibus... agitur... : cum triplici indice...* Madridii: auctoris impensis.

Eisenberg, Josy (1993), *La femme au temps de la Bible*, La flèche, Stock-L. Pernoud.

García Barranco, Margarita (2007), *Antropología histórica de una élite de poder: las reinas de España*. Granada, Universidad de Granada.

Ketham, Johannes de, y Arnao Guillén de Brocar (1495), *Epilogo en medicina y en cirurgia conueniente a la salud*. En po[m]plona: por maestro arnaud guille[n] de brocar.

López de Villalobos, Francisco y Juan de Porras (1498). *Sumario de la medicina ; Tratado sobre las pestiferas bubas.* Imprimido en la cibdad de Salamanca: [por Juan de Porras].

Martínez San Pedro, Rafael (1975), *El saber obstétrico-ginecológico en la España del siglo de oro*, Alicante.

Nilsson, Lennart y Hamberger, Lars (1998), *Nacer. La gran aventura*, Barcelona, Salvat.

Núñez, Francisco, Fragoso, Juan (1705), *Principios de cirugia utiles, y provechosos para que puedan aprovecharse los principiantes de esta facultad [Texto impreso]: en esta ultima impression va añadido el libro intitulado del parto humano, compuesto por Francisco Nuñez y el tratado de cirugia, sacado de la cirugia Universal que escribio Juan Fragoso*, Valencia, Jayme de Bordazar.

Ruiz-Berdun, Dolores (2023), *Historia de las matronas en España*, Madrid, Guadalmazán.

S. A. A «La Natividad de Nuestra Señora», recuperado en https://
alfayomega.es/a-la-natividad-de-nuestra-senora/ [consultado
el 10 de agosto de 2024].

Santesmases, Mª Jesús (2023), «Una ontología híbrida de género:
cromosomas, fotografías y ecografías en la circulación de la
imaginería fetal en España (1950-1970)», *Dynamis*, 43 (2), pp.
450-485.

Science Museum Group. Mechanical real-time scanner 'Vidoson
C35'. 2023- 4CS Science Museum Group Collection Online,
recuperado el 23 September 2024.
https://collection.sciencemuseumgroup.org.uk/objects/
co8710773/mechanical- real-time-scanner-vidoson-635.

Usandizaga, Manuel (1944), *Historia de la obstetricia y de la
ginecología en España*, Barcelona, Salvat.

WahooArt, «The Birth of the Virgin», recuperado de https://
es.wahooart.com/@@/7YLJ89-Francisco%20Zurbaran-
El%20nacimiento%20de%20la%20Virgen [consultado el 10
de septiembre de 2024]

Warner, Marina (1991), *Tú sola entre las mujeres. El mito y el
culto de la Virgen María*, Madrid, Taurus humanidades.

Yagüe Guirles, Ángel F.; Borrás Gualis, Gonzalo M.; Lacarra
Ducay, M.9 Carmen (2011), «Torralba de Ribota. Remanso del
mudéjar», *Cuadernos de Aragón*, 50, recuperado de https://ifc.
dpz.es/publicaciones/ver/id/3127 [consultado el 10 de septiembre de 2024].

Lo que no se cuenta, no cuenta, por Elena Lázaro Real, lo tienes en:

Darwin Correspondence Project. (2022). «Letter no. 6976».
Accedido el 26 de septiembre de 2022, de https://www.
darwinproject.ac.uk/letter/?docId=letters/DCP-LETT-6976.
xml

Blackwell, Antoinette Louisa Brown. (1869). *Studies in general
science*. Nueva York: G. P. Putnam & Son.

Blackwell, Antoinette Louisa Brown. (1875). *Sexes throughout the
Nature*. Nueva York: G. P. Putnam & Son.

Darwin Correspondence Project. (2022). «Letter no. 6977».
Accedido el 26 de septiembre de 2022, de https://www.
darwinproject.ac.uk/letter/?docId=letters/DCP-LETT-6977.
xml

De las especies. (1859). *Anales del Instituto de la Patagonia*, 37(2),
51-60. https://dx.doi.org/10.4067/S0718-686X2009000200006

Un espectáculo no humano, de Susana Escudero Martín, hay más en:

Bondeson, Jan, & Miles, A. E. W. (1993). Julia Pastrana, the Nondescript: An Example of Congenital, Generalized Hypertrichosis Terminalis With Gingival Hyperplasia.

Miles, E. W. (1973). Julia Pastrana: The Bearded Lady.

Rivet, France. (2014). *In the footsteps of Abraham Ulrikab.* Editorial Polar Horizons.

Browne, Janet, & Messenger, Sharon. (2003). Victorian spectacle: Julia Pastrana, the bearded and hairy female.

Gylseth, Christopher Hals, & Toverud, Lars O. (2001). *Julia Pastrana. The tragic story of the Victorian Ape Woman.* The History Press.

Pedraza, Pilar. Sobre la mujer barbuda y otras anomalías.

Pedraza, Pilar. (2019). *El salvaje interior y la mujer barbuda.* Editorial Antipersona.

Editorial. (1862). A new process of embalming and preserving the human body. *The Lancet*, i:294.

Lutz, Hartmut (Ed.). (2005). *The Diary of Abraham Ulrikab. Text and Context.* University of Ottawa Press, Ottawa. «Eskimos at the Berlin Zoo» by Rudolf Virchow. *Zeitschrift für Ethnologie*, Volumen 12, 1880.

Sánchez-Gómez, Luis A. (2013). Human Zoos or Ethnic shows? Essence and contingency in Living Ethnological Exhibitions.

Sánchez-Gómez, Luis A. (2011). Imperialismo, fe y espectáculo: la participación de las iglesias cristianas en las exposiciones coloniales y universales del siglo XIX.

Sánchez Arteaga, Juanma. (2010). La Antropología Física y los 'zoológicos humanos': Exhibiciones de indígenas como práctica de popularización científica en el umbral del siglo XX.

Jiménez Fraile, Ramón. (2012). Zoos Humanos: la deshumanización del salvaje. *Sociedad Geográfica Española*, nº41, 118-125.

Valls Crespo, Lurdes. (2017). Zoos humanos, ethnic freaks y exhibiciones etnológicas.

Stanard, Matthew G. (2009). Interwar Pro-Empire Propaganda and European Colonial Culture: Toward a Comparative Research Agenda. *Journal of Contemporary History*, Vol. 44, nº1, enero, 27–48.

Las científicas también hacen trampas, de Rocío Benavente Pérez hay más en:

Ansede, Manuel (7 de marzo de 2016), «Despedida una científica premiada con dos millones de euros de la UE». *El País*, edición digital.

Ansede Manuel (20 de septiembre de 2017), «El mayor escándalo de la ciencia española se vuelve mundial». *El País*, edición digital.

Ding Tian, Allen, Schroeder, Juliana, Häubl, Gerald, Risen, Jane L., Norton, Michael I y Gino, Francesca (2018) «Enacting Rituals to Improve Self-Control», *Journal of Personality and Social Psychology* Vol. 114, No. 6, 851– 876.

Gino, Francesca, Norton, Michael I., Ariely, Dan (2010), «The Counterfeit Self: The Deceptive Costs of Faking It», *Psychological Science* 21(5) 712–720

González-Valdés I, Hidalgo I, Bujarrabal A, Lara-Pezzi E, Padron-Barthe L, Garcia-Pavia P, Gómez-del Arco P, Redondo JM, Ruiz-Cabello JM, Jiménez-Borreguero LJ, Enríquez JA, de la Pompa JL, Hidalgo A, González S. Bmi1 limits dilated cardiomyopathy and heart failure by inhibiting cardiac senescence. *Nature Communications*. 2015 Mar 9;6:6473

Fang, Ferric C, Bennett, Joan W, y Casadevall, Arturo (2013). «Males are overrepresented among life science researchers committing scientific misconduct». *mBio* 4, 1–3

Jennings, Rebecca (22 de marzo de 2019), «Why we care so much about Elizabeth Holmes's "bad hair"», Vox.com

Lewis-Kraus, Gideon (30 de septiembre de 2023), «They Studied Dishonesty. Was Their Work a Lie?», *The New Yorker*, edición digital

Pinho-Gomes, Anna-Catarina, Hockham, Carinna, Woodward, Mark (2023), «Women's representation as authors of retracted papers in the biomedical sciences», *PLoS ONE* 18(5)

Reich, Eugene Samuel (29/10/2012) Boston scandal exposes backlog. *Nature* 490, 153–154 (2012)

Ribeiro, Mariana D., Mena-Chalco, Jesús, de Albuquerque Rocha, Karina, Pedrotti, Marlise, Menezes, Patrick, M.R. Vasconcelos, Sonia (2023), Are female scientists underrepresented in self-retractions for honest error?, *Frontiers in Research Metrics and Analytics* vol 8.

Shu, Lisa L, Mazar, Nina, Gino, Francesca, Ariely, Dan, y Bazerman, Max H (2012), Signing at the beginning makes ethics salient and decreases dishonest self-reports in comparison to signing at the end. *PNAS*. 38. 15197–15200.

Schreiber, Noam, (24 de junio de 2023), «Harvard Scholar Who Studies Honesty Is Accused of Fabricating Findings», *The New York Times*, edición digital.

Stern, Jacob (2 de agosto de 2023), «An Unsettling Hint at How Much Fraud Could Exist in Science», *The Atlantic*, edición digital.

Lo que nos queda por contar, de Elena Lázaro Real, lo tienes en:

Gage, Matilda Joslyn. (1883). Woman as an Inventor. *The North American Review*, 136(318), 478–489. http://www.jstor.org/stable/25118273

McCullough, David. (1972). *The Great Bridge: The Epic Story of the Building of the Brooklyn Bridge*. Simon & Schuster Paperbacks, Nueva York.

Rossiter, Margaret W. (1993). The Matthew/Matilda Effect in Science. *Social Studies of Science*, 23, 325–341. https://doi.org/10.1177/030631293023002004

Las calculadoras de Harvard y la revolución de la Astronomía, de Natalia Ruiz Zelmanovitch, puedes poner el telescopio "apuntando" a:

Sobel, Dava. *El universo de cristal: la historia de las mujeres de Harvard que nos acercaron las estrellas.*

Johnson, George. *Antes de Hubble, Miss Leavitt.*

Davis, Debra L. The Women Astronomer [Página web].

Materiales sobre Annie Jump Cannon. (s.f.). Disponible en: https://archivesfiles.delaware.gov/markers/pdfs/9270_002_000_GeneralReferenceBio_Cannon_AnnieJump.pdf

Fotos. Disponible en: https://hollis.harvard.edu/primo-explore/fulldisplay?docid=HVD_VIAolvwork638561&context=L&vid=HVD2&search_scope=everything&tab=everything&lang=en_US

Las matemáticas y la conquista de otros mundos. De América a la Luna, de Clara Grima Ruiz, podrás saber más aquí:

Blogspot. (2020). ¿Pudo ser una mujer la primera en dar la vuelta al mundo? Disponible en: https://sumahistoria.blogspot.com/2020/02/pudo-ser-una-mujer-la-primera-en-dar-la.html

Blogspot. (2020). ¿Pudo ser una mujer la primera en dar la vuelta al mundo? Referencia al capítulo 91 de Historia de las Indias (López de Gomara, Francisco, 1552). Disponible en: https://books.openedition.org/cvz/39223 (libro completo) y https://books.openedition.org/cvz/39743 (capítulo 91).

Grima, Clara. Luna. Disponible en: [Aquí deberías incluir el enlace o detalle adicional necesario].

Lee Shetterly, Margot. (2017). *Figuras ocultas*. HarperCollins Español. ISBN 978-8491390343.

López de Gomara, Francisco. (1552). *Historia de las Indias*. Disponible en: https://www.cervantesvirtual.com/obra-visor/historia-general-de-las-indias--o/html/

Museovirtual.csic.es. . Universo. Disponible en: https://museovirtual.csic.es/salas/universo/universo4.htm

Serrano, María. (2021). *Hedy Lamarr: Aventurera, inventora y actriz*. Vegueta Ediciones. ISBN 978-84-17137-68-7.

Sobel, Dava. (2006). *Longitud*. Anagrama. ISBN 978-84-339-7269-9.

VVAA. (1992). *Grandes descubrimientos y exploraciones II: La gran era de las exploraciones / Tierra de especias y tesoros*. Club Internacional del Libro.

Las que cuentan

Quienes narran esta *Otra historia de la ciencia* son un grupo diverso de mujeres divulgadoras y expertas en diferentes áreas de conocimiento; mujeres diversas unidas por su pasión por contar la ciencia.

ELENA LÁZARO REAL es periodista y doctora en Historia. Autora de una biografía no oficial de Pío del Río Hortega y de *Feminismos y sexo: Una mirada histórica al origen del pensamiento feminista español sobre el deseo sexual de las mujeres,* obra ganadora del Premio de Ensayo Feminista Celia Amorós. Licenciada en Periodismo por la Universidad de Sevilla y titulada como Experta en Divulgación y Cultura Científica por la Universidad de Oviedo lleva dedicada a la información y la comunicación social de la ciencia desde finales de los años noventa.

Cirenia Arias Baldrich es ilustradora *freelance* especializada en comunicación científica. Doctora en Biología Molecular con extensa experiencia en investigación, ayuda a instituciones e investigadores a comunicar la ciencia de una forma visual. Su trabajo haciendo la ciencia más accesible ha sido reconocido por clientes a nivel nacional e internacional. Además, imparte cursos, talleres y conferencias para promover la importancia de la ilustración en la divulgación científica.

ENRIQUETA BARRANCO CASTILLO es doctora en Medicina y Cirugía y ha ejercido como ginecóloga, docente e investigadora. Entre sus últimas obras publicadas se encuentran *De parteras a profesoras de partos. Abecedario de las primeras alumnas de la facultad de medicina de Granada (1855-1900)*, *Menstruación, salud sexual y reproductiva, gestación y nacimiento en la España medieval*, *Agustina González López (1891-1936). Espiritista, teósofa, escritora y política* y *Neoespiritualismos y feminismos. Su influencia en la obra de Agustina González López*, ensayo por el que fue galardonada con el XXI premio Carmen de Burgos.

Rocío Benavente Pérez es periodista especializada en comunicación de la ciencia. Ha trabajado para varios medios de comunicación y desde 2018 lo hace en la Fundación Maldita.es, orientada a la lucha contra la desinformación. La sección Maldita Ciencia ganó, bajo su coordinación, el premio Prisma que conceden los Museos Científicos Coruñeses y el Premio de Periodismo Científico Concha García Campoy que otorga la Academia de Televisión y de las Ciencias y Artes del Audiovisual.

Susana Escudero Martín es periodista y una maravillosa contadora de historias. Ha recibido varios premios por su trabajo de comunicación científica en «El Radioscopio» de Canal Sur Radio. Desde 2015 imparte formación en comunicación y divulgación para personal investigador. Le gustan tanto las ciencias forenses que cursó un Máster en Antropología Física y Forense en la Universidad de Granada. Desde 2023 trabaja en Canal Sur.

CLARA GRIMA RUIZ es doctora en Matemáticas, aunque quiso ser folclórica y estrella del pop. Afortunadamente, gracias a su profesor de filosofía, se enamoró de las matemáticas. Hoy reparte su tiempo entre ser profesora titular de la Universidad de Sevilla y divulgar la ciencia. Cree que a todo el mundo le gustan las matemáticas aunque algunos aún no lo sepan. Tiene una plaza en Sevilla y hace muy buenos pucheros.

Natalia Ruiz Zelmanovitch es experta en planificación y gestión cultural y en comunicación y divulgación de la ciencia. Desde el año 2001, ha trabajado para varios proyectos y centros de investigación (principalmente de astrofísica) como responsable de comunicación institucional. Forma parte de la Sociedad Española de Astronomía y del nodo español de ESON, la red de divulgación científica del Observatorio Europeo Austral.

MARGA SÁNCHEZ ROMERO es catedrática de Prehistoria, divulgadora y vicerrectora de Extensión Universitaria, Patrimonio y Relaciones Institucionales en la Universidad de Granada y miembro del patronato del Museo Arqueológico Nacional. Su principal interés como investigadora es reivindicar la importancia del papel de las mujeres y la infancia en las sociedades prehistóricas. Con otras compañeras, creó el proyecto Pastwomen, que tiene como objetivo dotar de visibilidad a las líneas de investigación en arqueología e historia vinculadas al estudio de la cultura material de las mujeres. Es directora de la Unidad de Cultura Científica de la UGR.

Este libro entró en los talleres gráficos de Liberduplex el 20 de mayo de 2025, noventa y tres años después de que Amelia Earhart despegara desde Terranova rumbo a Irlanda y se convirtiera en la primera mujer en cruzar el océano Atlántico pilotando un avión. Aquella hazaña, lograda en la madrugada del 21 de mayo de 1932, la consagró como una figura legendaria de la aviación y del movimiento por la emancipación femenina. Para entonces, Earhart ya compartía su vida con George Palmer Putnam, editor y promotor cultural, nieto de los fundadores de la editorial que había publicado décadas antes a Antoinette Brown, la naturalista que, nada más publicarse, cuestionó científicamente las ideas de Darwin sobre la presunta incapacidad intelectual de las mujeres. Como aquellos libros que los Putnam imprimieron para dar voz a quienes abrían caminos nuevos, este volumen se suma hoy a esa tradición de dejar constancia, en papel, de lo que merece ser recordado.